U0159175

WATER

水

[奥地利] 维罗妮卡·斯特朗 —————— 著

邹 玲 ————— 译

重庆出版集团 重庆出版社

Water by Veronica Strang was first published by Reaktion Books in the Earth Series, London, UK, 2015. Copyright © Veronica Strang 2015. Rights arranged through CA–Link

版贸核渝字(2020)第 095 号

图书在版编目(CIP)数据

水 / (奥) 维罗妮卡·斯特朗著 ; 邹玲译. — 重庆: 重庆
出版社, 2021.3
    ISBN 978-7-229-15381-6

    Ⅰ.①水…   Ⅱ.①维… ②邹… Ⅲ.①水-普及读物
Ⅳ.①P33-49

    中国版本图书馆CIP数据核字(2020)第214695号

水

SHUI

〔奥地利〕维罗妮卡·斯特朗 著 邹 玲 译

选题策划:刘 嘉 李 子
责任编辑:李 子 汪建华
责任校对:何建云
版式设计:侯 建

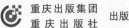 重庆出版集团
重庆出版社 出版

重庆市南岸区南滨路162号1幢 邮政编码:400061 http://www.cqph.com
重庆一诺印务有限公司印刷
重庆出版集团图书发行有限公司发行
E-MAIL:fxchu@cqph.com 邮购电话:023-61520646
全国新华书店经销

开本:720mm×1000mm 1/16 印张:13.5 字数:200千
2021年3月第1版 2021年3月第1次印刷
ISBN 978-7-229-15381-6
定价:98.00元

如有印装质量问题,请向本集团图书发行有限公司调换:023-61520678

版权所有 侵权必究

致我
从未忘记、血浓于水的姐姐
——海伦

目录

澳大利亚—池塘中的睡莲

前言

　　暂停片刻，反躬自省。或许你正舒服地蜷缩在沙发上，或许正坐在城市中呼啸而过的地铁上，或许正挤在公交车或者飞机座位上。但无论你身处何处，水——这种由氢和氧组成的特殊液体——都正在你体内流淌：它携带着你的血液通过静脉和动脉；它滋润着你的肌肉和骨骼；它传导电波使你的大脑涌现出万千思绪；它清除废物，柔化你的肌肤；它在阅读时湿润你的眼角膜。倘若没有水的持续流动来保障这些复杂系统的运行，你的身体将承受压力、痛苦，并迅速崩溃。

　　尽管我们可以享受冷饮带来的清凉，聆听体内血液流淌的脉搏，乃至感受充盈的膀胱得到释放后的畅快，但我们身体本身的"水文学"多以隐蔽的方式流动，以我们日常生活中察觉不到的方式进行。我们仍然意识到这些重要潜流的存在，就像我们知道这些潜流就在我们周围流动，在我们悉心浇灌（或任其枯萎）的盆栽或花园里，在我们种植的农作物里，在我们赖以相伴的动物里，在我们栖息的生态系统里，也在带来如鼓点般敲打窗户、如倾盆而下汇入江河溪流的雨水的天气里。

水在地球上每个生命体中的流动并不仅限于物质层面。水也渗透到我们的情绪与想象之中，为思考提供隐喻。

水既流淌于宗教信仰之中，也流淌于政治、经济与社会实践之中。水是构成生命各个方面的基本要素，且一直如此。因此，本书讲述人类与水的关系：我们如何感受水，我们与水有关的信仰和感悟以及我们如何从实践和想象层面利用水。透过多样的文化视角，人们膜拜水，喜爱水，又恐惧水，因水结成联系又因水陷入纷争。如今，由淡水资源引发的冲突日渐激烈，即便是辽阔的海洋也感受到了气候变化与环境污染的压力。我们与水的生态文化关系不仅牵涉到人类福祉，也牵系着万物生灵。

什么是"生态文化"？在这个工业化世界的很多地方，关于自然与文化的言论已然

葡萄牙波尔图

司空见惯，仿佛它们是两个毫不相干的领域。但我们对"自然"的思考是
透过文化视角所看到、理解并体会到的。而"文化"则位于我们所栖居的
世界中，受其物质属性的影响。人类意识存在于生态文化的躯体之中，拥
有独特的生理、化学和基因现实，与文化思维和实践相互影响。人类与水

结缘，既受文化影响，也受自然因素影响，并随时空变换。不同社会看待水、理解水与对待水的方式变化不定，有些却出奇地一致。

水流淌于我们生命的方方面面，以万千形式存在于世间的每个角落。关于这一话题的信息犹如浩瀚的海洋，广阔而复杂，无法用寥寥数语道尽。我们只能采取更为现实的方式：我们对故事的描述更像是弹起的石子，在表面稍作停留便飞驰而过。我们希望借此触及关键问题，从而阐明为何长久以来人的生命与水密不可分。

第一章　地球之水

宇宙中的水

没有什么比水更能全面地描述人类与物质世界的相互作用。水以其独有的特质，成为所有生物有机体在时光变迁中不断进化的核心要素。与此同时，它也深刻地影响着人类社会对水的感受，影响着人们如何看待水，如何理解水所承载的含义。在察觉到水对生命创造过程所起的推动作用后，很多社会团体得出了"地球上所有的生命形式都源于水"的结论。随着时间的推移，这一解释成为了众多"生命起源之谜"的谜底。可是，水和生命，最初是如何出现在地球上的呢？

水以多种形态（组成成分）存在于宇宙之中。人们认为太阳系源于45亿年前一团以氢为主要成分的气旋。近来，在一个距我们100亿光年之外的黑洞附近，天文学家发现大量飘浮的水蒸气云团，经过估算，其所容纳的水量是地球上海洋的140万亿倍。有些天体上似乎存在某种形式的"水圈"，人们认为木卫三"盖尼米德"和木卫二"欧罗巴"厚厚的冰层之下藏着深不可测的海洋。

1876年，意大利牧师彼得罗·塞奇发现火星上存在一些运河（意大利语canali）。天文学家乔凡尼·夏帕雷利于1877年绘制出了这些运河的地图，并将意大利语"canali"翻译成英语的"canal（运河）"。受此影响，一些天文学家，如美国天文学家帕西瓦尔·洛厄尔，坚信这些运河是由某种智慧文明所创造。

直到20世纪六七十年代，太空探索中拍摄出更加清晰的照片之后，这个诱人的想法才失去拥趸。现如今，人们认为，这颗红色星球上大部分的水都被封印在冰冻层和永久冻土层之下。

那么，地球何以成为这样一颗蔚蓝星球，分布着浩瀚无际的海洋，点

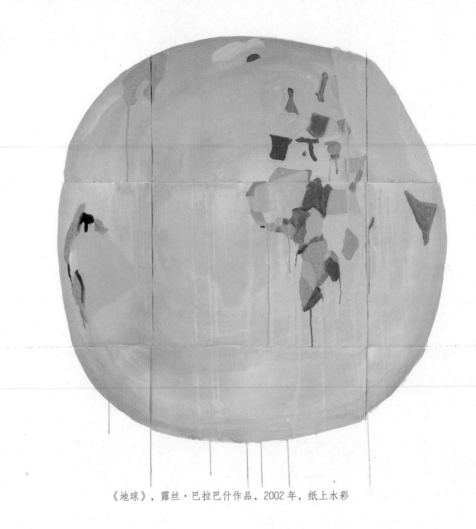

《地球》，露丝·巴拉巴什作品，2002 年，纸上水彩

缀着密密麻麻的水系？地球又何以拥有孕育出灿烂多姿的生命形式的"水圈"？就在天文学家们为"开凿运河的火星人"兴奋不已之时，瑞典科学家斯凡特·阿伦尼乌斯提出：生命的种子要么以"辐射胚种"为载体，随光束从宇宙到达地球，要么就是附着在陨石上被带到地球的微生物或孢子。

直到最近，人们仍相信，水是随着频繁的陨石雨而降临到正处于成型阶段的地球上的。但是，根据英国天体物理学家马丁·沃德的观点：

　　近期研究结果表明，在彗星与地球上，水的同位素比即水与重水（氘是氢的同位素）的比值是不同的。现在人们认为，小行星上可能存在大量的水，对大约 40 亿年前的所谓的"晚期重轰炸"产生了影响，或许这就是地球上多数水的由来。

　　即使到了今天，关于地球之水的起源，科学界仍未达成共识。不过，查尔斯·达尔文和路易斯·巴斯德提出的观点，倒是为化学进化提供了引

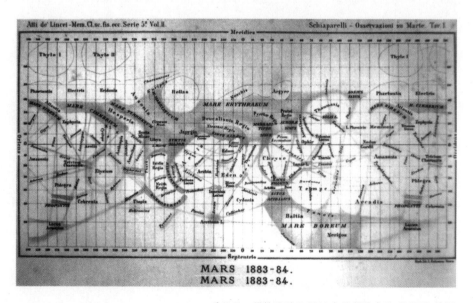

乔凡尼·夏帕雷利于 1888 年绘制的火星"运河"地图

人注目的愿景：阳光和放射能提供了充足的热量和能量，创造出了水。而氨基酸、一氧化碳、二氧化碳、氮和其他有机物经过活跃的相互作用，又形成了具有新陈代谢和繁殖功能的细胞。

水的属性

大约 20 亿年前，光合作用创造出含有氧的大气环境，多细胞生物从此得以生长进化，地球上的生物群（动植物）一次次迸发：从寒武纪海洋化石中的花体贝壳，到漂亮的侏罗纪猛兽，一直到能够想象出火星运河的两足裸猿。但这颗蔚蓝星球上发现的最古老的细胞源于海洋深处。

在绝大部分历史时期，地球上的生命都栖息在水中。它们在深邃的海洋中酝酿了近 40 亿年，4.5 亿年前才终于上岸。如此看来，关于文化与历史的多重解释印证了"水就是生命"以及"所有生命都源于水"的观点是正确的。尽管关于其他星球的研究对此类观点提出质疑，如英国科普作家菲利普·波尔写道：

> 近来得到确认，至少还有一个星球上存在丰富的有机分子。这些星球上的河流或者海洋中充满着非水液体，比如土卫六上的液态烃。这使得人们开始关注甚至迫切地思索：水，究竟是不是构成生命的唯一且通用的基质；或者，水是否只存在于我们的星球之上。

不过，至少在地球上，多细胞生物确实依赖于水的独特属性。那么水究竟有哪些属性呢？首先，水具有结合性：水分子一端带有负电荷，另一

一颗即将撞击地球的小行星

端则带有正电荷。这使得水分子不仅能够互相吸引，也能广泛地与其他多种物质结合形成复杂分子。但是，与水的全部物质属性一样，这个过程是可逆的：水也可以解离，释放出其所结合的各种物质。水的这种分离与重组的特性，使其成为"万用溶剂"，能够携带其他化学物质，诸如氧和营养元素。这些化学物质随之进入生物体内，比如人类自己的体内，并被留在那儿。

当然水的这一特性也意味着，它很容易受到污染，会将有害物质而非有益物质带入体内。好在这种结合能力还有一大优势，就是水可以辨别废物与毒素，并将它们排出体外，使它们离开生物体内部的"水文"系统。

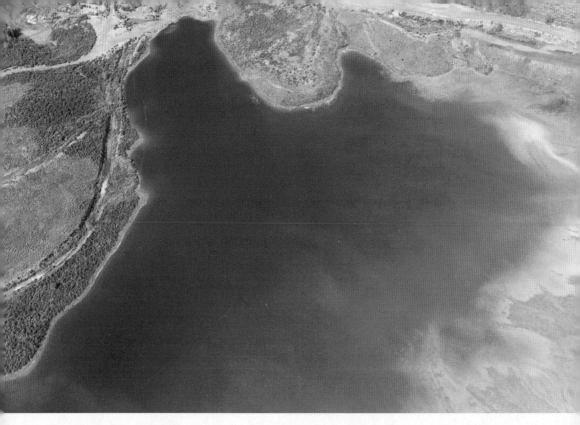

含有氧化铁矿物的水体，位于西班牙韦尔瓦省的里奥廷托（红河）

　　水作为溶剂的特性对进化过程至关重要。它溶解了很多地球早期大气中的简单有机化合物，助其形成更加复杂的化合物。第一个有生命的细胞即能够自我复制的细胞，形成了显微镜下可见的水生植物（浮游生物）。这些水生植物漂浮在洋面上，依靠阳光获取生存的能量。而当多细胞生物进化后，它们的生存则仰赖于体液系统，身体内部的水使得营养物质的吸收和废物的排出成为了可能。血液中含有的可溶解的液体多于其他物质，因此歌德（1749—1832年）将血液描述为地球上最复杂的混合液体。水的"结合"能力还使得电化学传输成为了可能。水把血液和其他重要的化学物质运输到大脑，为大脑神经元提供了电势，因此，水确实可以称得上是"意

19世纪的罗纳冰川

识流"。

水的分子结构也造就了其最具辨识度的物质特性之一：物理形态的转变，从固态（冰）转变为液态，再从液态转变为气态。这些转变体现在宏观和微观的各个层面上：在居家环境中，体现在水壶、冰箱和冰柜之间，将这种转变投射到地球上，对应着冰川融水，或流经大地，或蒸发为云。水的形状变化具有可逆性，水的运动也具有永恒性：水在流动，顺着斜坡蜿蜒而下（同样归因于其分子结构），在溪流中打起漩涡。它逐风起波澜，随风泛涟漪。它不知不觉地蒸发到稀薄的空气中。水的身体介于透明和不透明之间，随着光线而闪烁。因此，水以运动和变化为特征。

版画《埃及生育之神》，英国艺术大师威廉·布莱克在瑞士画家亨利·弗赛利之后印制，灵感来源于伊拉斯谟·达尔文写于1791年的诗作《植物园》，画面展示了古埃及神祇阿努比斯向天狼星求雨的场景

　　水还具有更加微妙、缓慢且细微的运动形式：其分子结构能够产生毛细作用，因此水可以浸透、渗透并穿透其他物体。地下水上升使地球土壤保持湿润和肥沃，使植物能够将养分吸收到其内部的液体输送系统中。此处存在水对维持生命做出的另一重大贡献：在蒸发和蒸腾作用下，水通过其保持湿润的能力，能够维持所有生命的体液平衡。从更高的层面来看，水的比热与汹涌的洋流一齐使海洋温度保持稳定，否则海洋的温度将发生剧烈变化，对无数依赖海洋生存的物种也不再仁慈。

《海马齿苋与负子蟾》，昆虫学家玛丽亚·西比拉·梅里安绘制，创作于约 1701 至 1705 年间

望格雷瀑布，新西兰一座 26.3 米高的瀑布

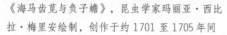

　　水平衡对地球大气至关重要，对湿度、降水等自然现象的形成亦然。正如英国作家迈克尔·阿拉贝所说，"天气主要由一种或多种形式的水构成"。大体来看，水在温度和压力的作用下，在地球上不断改变形态，变换行踪，在这儿以雪的姿态出现，在那儿又化身为倾盆大雨。一年中，至少有一段时间，不会出现在赤道低纬度地区。除了温度以外，雨水是否会降落以及其降落的速度，对所有有机物来说至关重要。

　　因此，长期以来人类一直发挥想象力，思考关于水从何处来的问题。

《四大元素：水》，阿德里安·科拉特，创作于约 1580 年

古代社会认为，仁慈的神灵会在人们做好事的时候降雨以示嘉奖，会在人们行为不当时收回雨水（或降下惩罚性的雨量）。许多人认识到太阳与水之间存在着某种关联，常常将它们视为相互配合的神灵。

早期就有人运用唯物主义的力量从物质角度出发分析世界。中国人提出了五行学说：金、木、水、火、土；希腊人则有四元素说：土、气、水、火。希腊人同样对第一实体的概念"Arche（本原）"产生了兴趣。古希腊哲学家赫拉克利特曾有句名言，用于形容时间的无情，即"人不能两次踏入同一条河流"。他认为火是万物的本原，是第一实体。也有人认为第一实体"Arche"由水和火共同构成。"科学之父"、米利都学派创始人泰勒斯提出了宇宙哲学理论（后来被亚里士多德采用），认为世界是从水里诞生的。

在思考水来自何处时，泉水似乎提供了有用的线索。早期学者受此启发，提出了水是从一个巨大的地下水库中涌出的，亚里士多德称之为塔耳

插图《沉默的世界》，阿塔纳斯·珂雪绘制于大约 1664 年

塔洛斯，即地狱。柏拉图也认同这一观点，还曾设想过地下会有巨大的洞穴。这个关于江河和溪流来自地球深处的观念，一直持续到 18 世纪。

但也有确凿的证据表明，水是从天上来的。当时还没有大气层或水圈的概念，许多社会都有着关于天上与地下河流的丰富想象。古希腊人想象地球被旋转的水流包围，他们称其为"俄刻阿诺斯"，这一命名法则暗示人们，天上的世界与下面的大地及水景遥相呼应。在一系列关于宇宙学说的解释中，银河都被看作是一条河：古埃及人认为，有两条尼罗河，一条在地上，"另一条在天上，流过天堂，波光粼粼"。中国古代称之为"天河"或"银河"。阿卡德人称它为"深渊之河"，印度人则称它为"恒河河床"。中石器时代波罗的海地区的狩猎者认为世界有三层——天空、中部（地面）和地下世界，三者通过一条宇宙"河流"相互连通。而在澳大利亚的土著文化中，银河系闪烁的星辰被视为一道蜿蜒的"天河"，与星座交织在一起，勾勒出它们图腾般的轮廓。

透过各种文化视角，人们还发现了天体对水的影响。许多宗教认为水与日月神明有关。而关于水究竟是怎样来到地球的，则众说纷纭。例如，古玛雅人认为水和肥力有关，与这一想法类似，古希腊斯多葛学派在星辰理论中提出，露水具有魔力，随着月亮的光线来到地球。在这种信念的引导下，欧洲人收集露水，并用于早期的炼金术中，这种做法在欧洲农村一直延续到 20 世纪。古希腊医生希波克拉底甚至推测水和太阳之间存在物质上的联系，他认为水可以分为光明和黑暗，前者被太阳吸引并被太阳的能量抬升。他的蒸发作用实验奠定了可以通过实验揭示物质世界属性的理念。

这些早期的尝试，点燃了科学思维的星火。好奇心使然，人们对元素及其物质组成始终充满疑问。瑞士科学家菲利普·冯·霍恩海姆，他更耳熟能详的名字是帕拉塞尔苏斯（1493—1541 年），他认为空气可以变成水。在人们认识到植物可以通过光合作用从大气中吸收二氧化碳之前，佛兰德化学家扬·巴普蒂斯塔·范·海尔蒙特（1579—1644 年）加深了人们的这一信念，通过展示柳枝在只依靠雨水的情况下，5 年里重量从 2.3 公斤增到了 74.4 公斤（从 5 磅增加到 164 磅）。因此他认为，水和空气是仅有的两个重要元素，而水既可以转化为有机物，也可以转化为无机物。

在农业领域获得了令人信服的证据后，该观点在之后的整个世纪中都占据着主导地位。直到 18 世纪，科学界才认识到水是由氧和氢组成的。许多人声称这一结论是他们首先得出的，但是人们普遍认为此殊荣（至少是最先发表）应授予一名英国人——一位神职人员，名为约瑟夫·普利斯特里。他于 1774 年公开了自己发现的一种新气体——氧气。与此同时，安东万·洛朗·拉瓦锡（1743—1794 年）在巴黎向人们演示了水可以通过燃烧某种元素得到，他将这种元素命名为氢。原子学说创立者约翰·道尔顿（1766—1844 年）首先提出了水的分子形式构想。他是一名物理学家、化学家、气象学家（也是贵格会教徒），出生于英格兰北部。在此基础上，瑞典化学家约恩·雅各布·贝齐里乌斯（1779—1848 年）证明了，水分子中氢与氧的比例为 2:1，并将水定义为 H_2O 或 HOH。

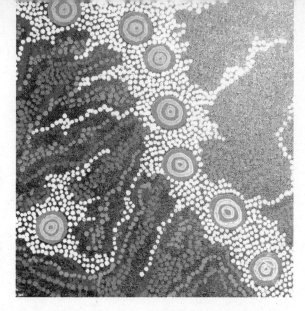

《七姐妹（银河）之梦》，布面丙烯画，土著艺术家加布里埃尔·帕塞姆·努恩古拉伊（Gabriella Possum Nungurrayi）创作于 2009 年

同时期的科学家们，如瑞典天文学家安德斯·摄尔修斯（1701—1744 年）和马

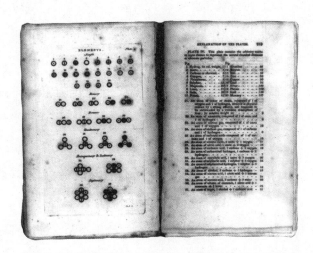

图中显示了各种化学元素及其原子量，摘自约翰·道尔顿的《化学哲学的新体系》（成书于 1808—1827 年）

丁·斯特默（1707—1770 年）研究了水的性质，确定了它的冰点和沸点。德国发明家丹尼尔·加布里埃尔·华伦海特（1686—1736 年）通过测量发现，水的沸点会随气压不同而发生变化。在高耸的安第斯山脉上，水在较低的温度就能达到沸点，但需要很长时间才能煮熟鸡蛋。

流动之水

除了将水当作元素进行解构外，科学家还一直设法了解水是如何在世界范围内进行循环的。现代水文学的核心观点推翻了"地下"假说，并提出水文循环的观点。维特鲁威在前基督教时代的罗马是一名建筑师和工程师，他找到了拼图中重要的一块。他认识到，地下水资源是通过降雨和融化的雪水进行补充的。但是，首个连贯的水循环周期的科学构想是由达芬奇（1452—1519 年）提出的，他将水描述为自然万物的驱动力，并清楚地认识到，水在世界河流体系中循环往复，运动不止。

这并不是说，在早期人类社会中，人们从未注意到水的周期性和季节性运动。例如，澳大利亚土著关于"彩虹"或"彩虹蛇"的概念，便为水在地上和地下的流动与圣地中生命的诞生之间的关系提供了清晰的图景。这种原始的想法，来自于当地人对降雨模式和水在地上和地下流动的具体理解。

虽然也可以说，这些想法来自于人们长期观察得到的经验性证据，但是这种本土的民族科学和水文神学的解释，往往无法与"水文学"等主流科学表述相提并论。尽管它们产生于特定的地理区域，也曾登上过全球舞台的中心。那些更主流的表述注重实验和证据。例如，在 17 世纪，法国科学家埃德姆·马里奥特和皮埃尔·佩罗特曾对塞纳河流域的降雨和河流流量进行了分析；英国科学家埃德蒙·哈雷通过计算得出，地中海蒸发的水量与该区域的地表径流相符。

这些科学发现都曾一度受到宗教宇宙学的限制。杰米·林顿强调了 17 和 18 世纪的基督教神学信仰和新兴的科学观念之间的重要关系，前者认为宇宙是上帝的大手笔，而相信科学观念的学者们则致力于掌握水文过程。

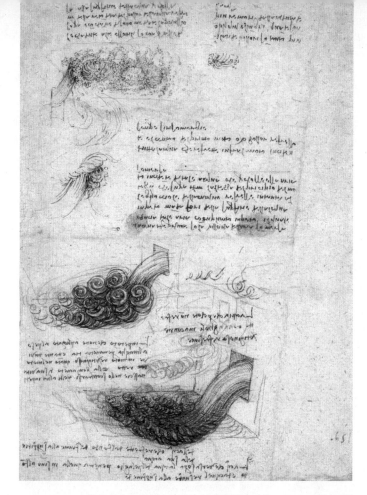

达芬奇对水流的研究，选自《莱斯特手稿》，1506—1513 年

基督教的"自然神学"建立在上帝掌控一切的假设之上，主张上帝操控着水的运动，雨期会按时降临，且雨量是可控的（除非——与早先的信仰体系相呼应——人类破坏了上帝制定的规矩而遭到惩罚）。

《古兰经》和《圣经》中都有类似的表述，把雨看作神明的恩赐。在古埃及及其周边地区不乏早期水文学方面的领先思想。然而，随着时间的流逝，发源于干旱地区的观点逐渐被北温带地区兴起的新观点取代，后者把上帝当作水的可靠来源，由此形成了水文循环新思想的核心观点。随着

人们加深了对水在世界范围内流动过程的认识，各种水文学思想糅合产生了一个新的概念，华裔地理学家段义孚称之为"水文神学循环"。

在19至20世纪，随着理性科学与宗教信仰之间的分歧逐渐加大，人们不再信仰仁慈的指引之神，而是认同水文过程受大自然指引的世俗观点。因此，水文学家沃尔特·朗贝因和威廉·霍伊特将水循环描述为一项大自然的宏伟规划，似乎是水运动的必备"引擎"。

水文循环是水文学最基本的原理。水从海洋和地表蒸发，以水蒸气的形式，随大气循环在地球上空流动，然后再冷凝成为雨雪，被树木植被拦截，在地表形成径流，渗入土壤补充地下水，注入溪流，最终汇入海洋，并在海洋中再次蒸发，由此循环往复。

无论是否有人类活动的参与，这座由太阳能和地球重力驱动的巨型水力发动机都将运转不息。

因此，正如基督教自然神学论把水循环

新西兰怀奥塔普一处水汽氤氲的温泉

看作是上帝的杰作，使人们对干旱地区产生负面看法。在气候温和的温带地区进行的实验，印证了人们对干旱地区水文功能失调的看法。两者都提出了可靠的水循环设想，并假定干旱地区或降雨模式多变的地区一定犯了某些道德错误（并且必须改正），这对水的使用和管理的发展产生了重大影响。实际上，人类居住在高度多元化的水文环境中，也许已经成功地适应了当地的特定条件，也许正设法按照理想的水文状态，利用越来越丰富的指导性技术改变当地的水文条件，以克服极端生态环境带来的影响。

水的局限

　　　　水呵水，到处都是水，却没有一滴能解我焦渴。

地球是一颗蓝色的星球，但是，地球上 93.3% 的水都是海洋，盐度各有不同。淡水仅储存在河流与湖泊之中，或是含水层、地下盆地或冰层里面。地球上最大的淡水储备位于除澳洲外其他各大洲的高山冰川中。世界上约三分之一的人口以及相当一部分动植物，都依赖季节性冰川融水生存。因此，气候变化导致的冰川萎缩会带来重大的水文影响。

此刻，冰川正在迅速消融。30 年前，还能在海拔较低的山谷中看到它们缓慢移动的身影，听到它们吱嘎前行的声音。而现在，不过数十年的光景，这些冰川就已经融退到山峰的更高处了。

地下水存储于不同的水位，在土壤孔隙或岩石空隙完全饱和之后形成潜水面。在整个地质时期内，地下水通过冰川融水、融雪和季节性降雨得到补给，但主要由不断进入和退出冰河期所累积的化石水组成。因此，地下水超采（每年取水量多于补给量）意味着世界上许多地方的地下水位，以及潜水面都在下降，有时甚至会下降到人类无法触及的深度。大部分降水都会回到以海洋为代表的大面积水域中，每年 1/4 的海平面上升要归因于此。

　　亚里士多德的假设完全没错，海洋提供了许多甘甜的淡水，这些淡水来自于海水蒸发后凝结而成的雨水。如果按照体积来算，波尔·阿斯楚普和他的同事们估计，每年进入地球大气层的净蒸发量中约有 430000 立方米来自海洋，70000 立方米来自各大洲。

　　但是，由于高山会截获部分云雾和雨水，到达地表的降水量大约有

位于新西兰北岛的贝塞尔斯海滩

新西兰库克山上的冰川

110,000 立方米，因此，大陆每年可获得的水量的净值应在 40000 立方米左右。当然，在全球范围内，这些水量并非均匀分配。

如此看来，地球这座行星的流体系统与它多样的有机生命形式没有什么不同。部分地区拥有的水量少于其他地区，尽管如此，水依然是成功维系生命的关键因素：所有生物都依赖于水在空气、土壤和细胞中的流动，

新西兰岛海滩

所有环节都因水而相连。20世纪20年代，苏联地球化学家弗拉基米尔·韦尔纳德斯基从古希腊学者关于地球与水的性质的辩论中获得灵感，又受到德国数学家、天文学家约翰尼斯·开普勒（1571—1630年）的启发，提出的水文思想中巧妙地捕捉了这种联系。早在詹姆斯·洛夫洛克借古希腊大地女神盖亚之名，提出盖亚假说之前，开普勒就将地球描绘为一个由具有感知和互动能力的粒子组成的生命体。

韦尔纳德斯基强调，所有的生命形式都发源于海洋，而后移居到干燥的陆地上，水的流动将它们从本质上联系在一起。林恩·马古利斯、狄安娜和马克·麦克梅纳明等学者提出了有生命且相互联系的生物圈的想法，用来描述所有动植物的"共生起源"，一如麦克梅纳明所说，水联通了生物的"超级海洋"。在这片海域中，人类绝不会像巨人那样鼓起胸膛，骑跨在大地之上，而是以更加谦逊的态度，与无数其他的物种一起投身到更辽阔的生命洪流之中。

第二章　生生不息之水

海的内部

我们之所以能够很容易地设想出一个由水连接所有生物而形成的"超级海洋"，其中一个原因在于，水在各个方面都具有相似的行为方式。在与行星环流相呼应的微观世界中，水甚至流经我们称之为"海下"的最小的有机体，并将其各个部分连接起来。因此，水在人体中的运动，和在更大的系统中一样。水调节着维持生命所需的各种不同物质和物质间的互动。此外，在更为广阔的环境中也是如此。这些物质的可变性取决于它们的分子结构和含水量。即使到了现在，发源于海洋的生物经历了数百万年的进化，人体含水量仍接近67%。即便是像岩石一样坚硬的牙齿，含水量也超过12%。骨骼通常被喻为搭建人体的木材，其中含水量为22%。脑组织，仿佛像一块资源丰富的肥沃湿地，含水量约为73%，而血液（显然要比水浓稠）中的含水量也达到了80%至92%。

人体中约有三分之二的水位于"细胞内"，剩下的三分之一则由血浆等"细胞外"液体和"细胞间"液体组成，这些液体围绕在细胞周围，为其输送营养物质和氧气，并清除代谢废物。水具有万能溶剂的特性，对所有这些复杂的化学过程起到了至关重要的作用。水可以促进消化，将蔗糖水解成可被人体细胞利用的葡萄糖和果糖。水可以保持黏膜湿润，调节温度，润滑关节，滋润皮肤，并在眼睛、脊柱以及子宫中起到减震作用。

大多数人都在学校的生物课上学过，水通过两个液压系统流遍全身：由心肌驱动的主动的循环系统（血液从心脏泵入动脉，然后进入毛细血管，最后通过静脉回到心脏）以及依靠身体运动驱动的被动的淋巴系统。保持身体内的水分平衡十分重要：人体无法储存大量的水，每天要损失两到三升，其中大约一半水分通过排泄排出，另一半则通过呼吸和汗液流失。人

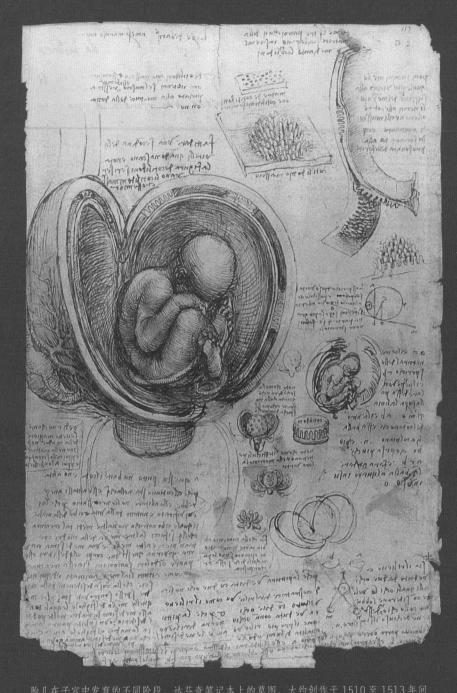

胎儿在子宫中发育的不同阶段，达芬奇笔记本上的草图，大约创作于 1510 至 1513 年间

体内大部分的水来自于食物，尤其是水果以及各种各样的蔬菜中的含水量约为90%，远高于其他食物。

没有水，人和动物会在短短数天内死亡，尽管有些物种能够坚持几周的时间，但所遭受的痛苦也会随着时间而不断增加。过量饮水（伴随某些精神疾病的发生）也可能给身体造成灾难性的后果，患上过度稀释性钠浓度（低钠血症），加重细胞负荷。水中毒引发的后果与在淡水中溺水相同：液体会进入肺部，大脑和神经在压力作用下产生类似于醉酒的行为，脑组织肿胀可能会引发癫痫、昏迷或最终致死。

维持水平衡对所有有机生物体同样重要。与动物一样，植物也依赖于体液的运输作用。许多植物中的含水量特别高。在没有水的情况下，植物会迅速枯萎，而当水过多时，细胞也会经历类似的破裂过程。无论是局部生态系统、地域生态系统，抑或是全球生态系统，不管从哪一个层面上看，生态系统都在按照相似的原理运行，都需要维持特定的水平衡，以适宜的速度，在适宜的时间，提供适宜的水量。如此说来，在各个层面上，水维持生命的潜能不仅取决于水的特性，还取决于水在运动过程中小心翼翼保持的平衡流动。

当然，以上属于全球层面的科学解读。特定文化对水文系统做出的解读，也以一种智慧的方式将微观过程和宏观过程联系起来。例如，生活在安第斯山脉的阔拉怀亚人将地形和生理液压系统结合起来，从圣山（奥域，allyu）和水道中寻求灵感，以了解人体中发生的作用。于是，人体被看作一根由管道连接的垂直轴，血液、水（以及空气和脂肪）通过管道流入，流向心脏（颂柯，sonco），然后从心脏流向四肢。因此，心脏便是内部含水层，集呼吸、消化和繁殖等所有功能于一身，而次生液体（胆汁、粪便、乳汁、精液、汗液和尿液等）也经由心脏排出。

对生理和生态过程的理解及其对液压平衡的需求，很容易引发人们对

古罗马双排桨战船或轻型快速帆船浮雕，图片出自康拉德·西乔里乌斯的著作《图拉真柱浮雕》，
该浮雕创作于公元113年

水是如何在其他物质系统中流动的思考。无论内部空间处于何种规模，单
个住宅或是城市基础设施的扩展部分，都需要安装供水管道和排污管道。
无论是花园菜园还是大片的商业麦田，在适宜的时间内供应适量的水，会
对粮食生产起到极其重要的作用。

　　工业也是一样，在制造过程的各个阶段上，也都离不开水。多个世纪
以来，不同社会之间一直通过水路和海洋相互运输物质产品。

放错位置的水

英国人类学家玛丽·道格拉斯曾经引用过切斯特菲尔德勋爵的著名评论，即污秽不过是"放错位置的物质"，以此来象征一个有序系统的无序状态。就像世界上所有物质和社会过程都需要有序流动的水一样，这一切也有可能因水的流动受阻或流量过多而失去秩序，引发混乱。这时，水不再是维持生命的物质，而成为了有侵略性的浪潮。水也可以成为携带"放错位置的物质"的重要媒介。水能够在分子层面与污染物结合（例如，将毒素带入血液循环系统），与其相对应，也能携带污染物通过更大的物质边界，比如携带泥浆进入水道或是使污水涌入内部空间。

所有依赖水的流动的系统都有一定的自我清洁机制，这些机制也同样建立在水稀释或带走污染物的能力之上。因此，人体通过排泄，植物通过蒸腾作用，来清除自身的有害物质。

污水处理公司从废水中除去污水，然后依靠环境完成余下的工作，并称之为"神奇里程"，即人们普遍认为的使河流充分稀释或者通过水生植物和微生物吸收剩余污染物所需的距离。在海上，海洋生物吞噬并（最终）分解泄漏的原油。理论上说，每个系统的功能秩序都可以用这种方式得到恢复。

这也意味着，水在微观和宏观系统的周期性运动中，创造力和熵之间存在一种微妙的平衡。当代物理学假定，孤立系统倾向于从有序退化为无序。因此，每个系统都具备维护秩序的能力以及维持系统间联系和流动的重要能力，构成系统的可持续性。现在已经有了一些针对封闭系统的试验。例如，美国国家航天航空局（NASA）未来宇宙飞船上的水循环系统，将重复利用由其"住户"产生的几乎所有的水分子，无论由人类还是老鼠产生。他们

英国威塞克斯污水处理厂的废水处理过程

的尿液甚至是呼吸和汗液所产生的湿气，都将通过每个空间站的环境控制和生命保障系统进行回收。喝老鼠尿（或老鼠呼出的湿气）听上去难以接受，但正如 NASA 水处理专家莱恩·卡特所说，"虽然听起来令人作呕，但经过空间站净化设备处理的水，比我们大多数人在地球上饮用的水更洁净"。

诚然，如果不与其他系统相联系，没有什么能永久维持下去。地球上各种水流，最终全部仰赖于与最大的循环系统——水圈之间的联系。超出该系统吸收污染物和维持秩序的能力范围后，就会引发全球范围内的气候变化，并增加墒混乱的风险。

回到未来

初始之时，除水之外，别无他物。

——印第安部落民谣

世间万物始于混沌。有关地球起源的科学研究表明，水在多种有机系统中的有序循环，就是由物质混乱引起的。我们要感谢古希腊人发明了khaos（混沌）一词，当时的人们并不知道，它能如此确切地形容从氢云团中建立的太阳系，范·海尔蒙特还曾借用该词来描述"气体"。古希腊人对它的应用范围就更广泛了，用它来谈论无形的前物质即天与地之间的空间。正是这种"无形生有形"的思想，定义了秩序与混沌之间的关系：这种关系始终是流动的，并且总是关乎生死。就像"资源"这一概念的含义所示，水（以及其他物质）可被视为潜力。从这个意义上讲，水拥有无尽的潜力，能够促成所有其他物质事件的发生。但是水的潜力是动态的：有机物、生物和人类可能会由此形成，但是由于液体"永远处于流动过程之中"，这种存在形态无法一直维持。

无论把死亡看作祝福还是诅咒，人类社会拥有的死亡意识，也一直清楚这一点。在早期的故事中，人们就叙述过时间的流逝，通过观察水在世界范围内的流动，来阐述人类脱胎于无形，并将随死亡归于无形的思想。微观层面上对人类生命周期的看法，已经通过不同文化中人类起源的神话映射到宇宙之中。在这些神话中，世界于虚无中形成，所有生物都源自有创造力的原生之水。在与漩涡般的混沌，充满创造力的辽阔海洋以及创造生命的风暴相关的故事中，水是真正意义上的原始存在，是秩序建立之前的混沌，也是秩序消解之后的归宿。例如，如果我们重新审视澳大利亚原

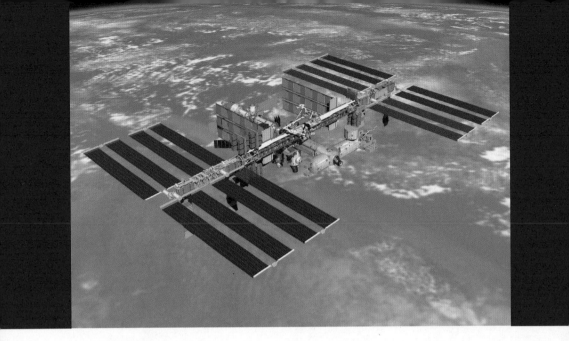

国际空间站（ISS）

住民的水文神学循环及其强大的、生殖力旺盛的彩虹蛇，我们会发现，土著人梦幻时代的故事里面，讲述了始祖如何从水中现身，从地下荒芜且危险的水域中浮现，创造了世间万物；然后又沉入水下，化身为这块土地上保存祖先力量的隐秘池沼。这个池沼，同样也是人类灵魂的源泉，它们从祖先的水域一跃成为物质存在，或以人的形式变得可见。在个体生命走到尽头之时，这些灵魂会回到自己在水中的家，与祖先团聚，变得不可见，重新归于拥有潜力的无形之中。

　　像澳大利亚的彩虹蛇一样，许多宗教故事中创造出来的水神都有着蛇的形态，与它们所创造的水的形状相呼应。在新西兰，毛利人描述了海洋之神唐加罗瓦是如何从一个创造性混乱的时代中创造世界的。全美洲最强大的水生生物——霍皮水蛇、普韦布洛角蛇以及阿兹特克羽蛇，都是最初的创造之源。

阿兹特克双头蛇饰物，约制作于15—16世纪，是一块嵌满绿松石的木雕

　　许多宗教不仅将水拥有创造潜力的概念纳入其宇宙观，也将对生育的确切理解囊括其中。从这些宗教对创世之神的看法中可窥见一斑。美国历史学家爱德华·谢弗提醒我们，物质通常包含雌雄两性，或雌雄二者融为一体，便于在创造过程中互相配合。

　　在不少文化中，雨神的性别都模糊不定。例如，对非洲布希曼人来说，释放出闪电冰雹、极具破坏力的积雨云具有阳刚之气，而降下迷蒙细雨、滋润万物的柔软云朵则具有阴柔之气。在中国最古老的文学作品中，天空中的彩虹，便象征着美丽的雨之女神。不过，中国古代语言中，对"雌性"彩虹在表达上似乎有所区别。证据表明，虹代表男性，霓代表女性。有时两者会在天空中同时出现。

　　这些思想流传于人类的历史之中。古巴比伦创世史诗《埃努玛》中也包含着男女元素，即"咸水之渊"提阿玛特和"甜水之渊"阿普苏。史诗描述了这两片原始水域如何在融合中创生，诞生众神。青铜时代的泥板文献中则围绕原始海洋之神亚姆和风暴之神巴尔一遍遍地讲述着迦南人创世的神话。苏美尔人有关"祖"的描述，是代表水和混沌的蛇。在古埃及金字塔铭文中对埃及神话中的创造者"原始之蛇"有这样的描述："原始时期，洪水泛滥……它从水中浮现。"

宗教信仰则发生了历史性转变，从最初崇拜自然到信奉更具人性的神灵，这一转变使这些宗教有了上帝掌管原始水域的构想。因此，《古兰经》指出，神将水作为创世的基础，并将宝座置于其上。在《先知故事集》中，12世纪的作家阿尔·及撒说，"然后水被告知，'保持静止'。它还在等待神的旨意。这是清澈透明的水，既不含杂质也不泛涟漪"。

古希伯来人从美索不达米亚和迦南神话中汲取灵感，他们眼中的宇宙同样始于无形的混沌。和《古兰经》一样，在《圣经》中，上帝将秩序注入创世纪的混沌之中，使万物具有形态，并安抚混乱的海洋，使之成为目标明确的水流。

地是空虚混沌。渊面黑暗。神的灵运行在水面上。

神说，诸水之间要有空气，将水分为上下。

神就造出空气，将空气以下的水，空气以上的水分开了。

事就这样成了。

神称旱地为地，称水聚之处为海。神认为如此甚好。

——《圣经·创世纪》

但是，从混沌中创造秩序绝非易事。许多创世神话中都描述了征服原始海洋的战斗，犹如史诗一般。原住民的传说、苏美尔人和巴比伦人的神话，以及《圣经·旧约》等都有描述洪水的故事：洪水泛滥，意味着退回至混沌和无序的状态。秩序的恢复需要由强大的英雄先祖和神明来掌控。在澳大利亚北部，原住民的歌声回荡，让人回想起两兄弟砍倒树木，拱起山脉阻挡海水的故事；巴比伦神话英雄马尔杜克征服了提阿马特。耶和华夺走了利维坦的权力，将他交给约伯，"永世为奴"。

> 神啊，诸水见你，一见就都惊惶。
> 深渊也都颤抖。
>
> ——《圣经·诗篇》

然而，这种景象即重返混沌无形的景象，对人类来说，仍然是死亡和腐烂的象征，将扰乱存在和时间的有序流动。水拥有双重性质，既代表着生命的可能，也是死亡的象征。

生生不息之水

正是基于这些关于创世的深度思考，世界各地的宇宙学说才得出了关于"生生不息之水"的概念：水流经世界，使生命得以形成。无论是从水合分子、精神力量还是农业生产的实际命脉来看，"生生不息之水"的概念都以某种形式流淌于各种文化环境之中。它通常通过对水神的信仰来表达，就像原始的海中巨兽一样，它们与水流动的物质特性相呼应。

尽管现在别的主流宗教占据主导地位，但曾经所有社会都崇拜这样或那样的水生生灵，许多这样的观念仍然保留了下来。它们描述了水的生成性力量，有时也描绘过水的惩罚性力量。根据毛利人的信仰，在新西兰，深水猛兽塔尼华居住在河流中，鱼精马拉基豪生活在海洋里。这些蛇形守

新西兰毛利人部落大门上雕刻的水神塔尼华

护者的职责，就像塔斯曼海彼岸的彩虹蛇一样，是保护当地水道和与之相
关的生物群体。

蛇形水神也出现在信奉水神玛米瓦塔的宗教信仰中，这种信仰在非
洲西部、中部和南部都很盛行，并影响了身处异乡的非洲人。此类宗教
团体的信徒们声称，这些生灵来自古埃及的诺莫。许多印度教和佛教教
派都认为，被称为纳迦的水神掌管着降雨和河流。春分时刻，成千上万
的墨西哥人则聚集在奇琴伊察，围观掌管生死的蛇神库库尔坎从金字塔
中降临世间。

在中国和日本，龙与水有着千丝万缕的联系：龙泉喷涌而出，云龙从
天而降。

在古代欧洲，凯尔特人的巨石阵通向神圣的水道，罗马侵略者继续沿

中国昆明黑龙宫中的龙王造型

用了这种做法，此外，还祭祀圣井祈求愿望成真。

当拟人化的神灵乃至紧随其后出现的一神教吸纳了信奉万物有灵的异教信仰后，圣井被赋予圣徒或（在伊斯兰教世界中）先知的名字，同时赋予他们神奇的治愈力量。因此，位于麦加的卡巴天房附近的圣泉扎姆扎姆，是数千年来朝圣者的圣地。而公元 9 世纪的地理学家伊本·法基记录了圣训（先知穆罕默德言行录或公认的传统）的描述：圣井之水"可以拯救任何遭受痛苦的人"。在多塞特郡的塞那·阿巴斯的一个古老的生育遗址中，有一口圣井被重新命名为圣奥古斯丁，并重新描述了他把法杖插进地里时，水是如何涌出的。

在《圣经》和《古兰经》中，具有人性的神降下温和的雨水滋养土壤，帮助农作物生长：

日本京都建仁禅寺（始建于1202年）一块画屏上的游龙出云图

我们耕耘土壤，在大地上撒播良种。

而种子因上帝之手得以哺育和浇灌。

他在冬日普降瑞雪，温暖让谷粒饱满，

还送来清风与阳光以及清新的细雨。

我们身边的一切好东西，

都从天而降。

感谢主，感谢主的大爱。

——德国传统民歌《我们耕耘我们撒种》

圣水一直在基督教和伊斯兰教的宗教仪式中起到关键作用，尤其是那

英国杜伦大教堂中的洗礼池

些与物质存在的关键转变相关，即标志着出生（成形）和死亡（化为无形）的仪式。此外，圣水还与污染和无序的观念相呼应，用于洗净罪恶的仪式之中，在极端情况下，还被用在驱魔活动中。即便如此，水的二元性也得以维持，如托马斯·科尔萨斯认为，恶魔也可以通过受到污染的水进入体内。

当教义与世俗观念重叠时，对圣水的看法也随之发生转变，更多地从精神启蒙的角度来看待圣水。与试图让科学与信仰达成和解的水文神学循环一样，关于智慧之源的思想代表同时实现了智慧与理性。

世俗化的思维方式以及关于人体和物质的科学思想，也为圣井注入了新的生命，使其成为具有治愈力的"疗养保健中心"。尽管诸如圣泉扎姆扎姆等圣井和包括露德等地在内的天主教圣地坚持宗教信仰，但欧洲各地的许多此类地点都成为了广受欢迎的疗养胜地。

然而，这些转变中存在着很大的相关性：一个存在已久的观念贯穿其始终，关乎"生生不息之水"的生命力、清洁和治愈能力以及"健康"和"财富"的愿景（两者的英文词根分别源于"hale"或"whole"）。此处关于词源的说法强调了这样一个概念，即人类的健康和福祉都取决于有序运转的"整体"（道德、智力、情感和身体）系统，而不是处于"无序"或"疾病"状态。这些想法很容易转用于衡量社会和生态的健康以及秩序，"生生不息之水"在其中起着至关重要的作用。

运动是每一个系统以及"生生不息之水"思想必不可少的组成部分。从本质上说，如果水运动得不够快，那它就是死水。停滞也是一种阻碍，意味着它无法维持足够的流量。因此，"生生不息之水"还包含另外一层理解，即水赋予物质活力，使生命过程得以实现。

现象之水

无论天气好，

还是不好，

无论天气冷，

还是热，

我们都将忍受天气。

不管天气如何，

无论我们喜欢与否！

——佚名

捷克一疗养保健中心的泉水

人类不仅观察水在世界范围内的各种运动，将自身思想附加其上，而且还从现象学角度出发体验水的运动。

仅就存在于世而言，这意味着每天都要经历不同的天气。如前所述，天气是处于运动中的水，是水在不同形态之间的变幻，是水的上升和下降、凝结和流动。

这凸显了这样一个现实，即人类与水的相互作用是即时的，并且通常会引起感官体验。我们感受暴雨的刺痛，感受薄雾轻柔的触碰。

我们享受着温水浴，做好纵身跃入冰冷的湖泊和海水的准备。我们在

新西兰奥克兰市阿尔伯特公园中的喷泉

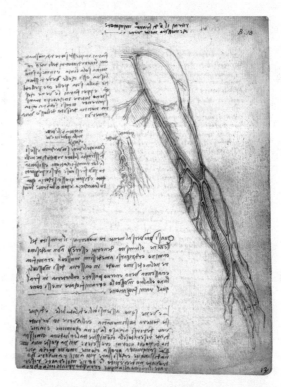

莱昂纳多·达·芬奇于 1508 年绘制的血液循环图

干燥的气候里渴望水，想象着一杯杯凉爽的水。在我们喝水时，我们能分辨出哪些是含氯的自来水，哪些是含有气泡的矿泉水，哪些是散发着硫黄味道的温泉水。当我们靠近臭氧丰富的惊险瀑布或惊涛骇浪时会心跳加速；当我们徜徉在流水淙淙的河岸和浪花轻柔的静谧海岸时，心跳又会放缓。水让思绪漂移，让想象力释放，它的流动性给人们带来自由的梦想：

　　我必须再去看看大海，

　　看看那孤寂的大海与天空，

唯愿有一艘高高的帆船，

还要有一颗星星为我指引方向。

船轮摇晃，海风歌唱，白帆飘扬，

海面笼罩着灰蒙蒙一片迷雾，透出拂晓的微光。

——约翰·梅斯菲尔德《海之恋》

很多时候，水的行为就如同光源一样。水体，无论是透明还是浑浊，都在不断地运动中闪烁着微光，并且可以起到催眠的作用。湖泊、池塘或河流都有强大的视觉引力，能吸引人们坐下来凝望水面，沉浸于摇曳的水光。就像水在有机生命过程中的绝对核心作用一样，这种精神品质鼓舞着人类社会建立水与灵魂的联系，并在建筑、诗歌、艺术、舞蹈和音乐中赞颂水的美。

我们所拥有的与水之间的联系，是受到水独特的物质特性，水在生命各个方面的重要性以及我们与水在现象学层面上的互动的强烈影响而形成的。水对于我们的生活如此重要，水的特征又如此分明，水也是我们用以思考的主要材料之一。实际上，当我们仔细思考这一过程时，就能够发现，无论是从字面分析，还是究其隐含喻义，我们都在"用水思考"。

第三章　想象之水

流动

　　我们如何"用水思考"？大约半个世纪前，人类学家克劳德·列维·斯特劳斯观察到，人们有创意地利用物质世界进行隐喻。他对动物有着特殊的兴趣，同样也很关注人类如何借助动物来描述某些特定行为（像猪一样贪婪，像狼一样愚蠢或者以同样方式来表述忠诚或高尚）。他有一句名言，"动物有利于思考"。人类学家玛丽·道格拉斯描述了我们如何以自己的身体为模型来描述社会构成（同样都有头和右臂等）与景观（比如河口、岩面、颈、肩等）。研究人类认知如何随时间发展的学者们经过一番描述，解释了人类如何将物质世界纳入其思维范畴，从而创造出"我们赖以生存的隐喻"。

　　当然，水无处不在，虽随当地条件而变，但性质保持稳定。人类的感知和认知过程也建立在与水的互动之上。因此，哲学家伊万·伊里奇说，"水似乎能够承载无限的隐喻。"虽然任何一种独特的文化背景都能塑造出特定的人类思想模式，但水的含义中却存在某些重要的跨文化潜流，不仅具有跨越文化边界的一致性，更在自身特质的启发下，跨越了时间界限。这不仅有助于解释为什么"生生不息之水"这样的观念无处不在，以及为何各地的人们都将内外水文系统联系起来，更体现出水能以超乎想象的方式承载有关人类生命中重要问题的思考。

　　正如水的流动性可以促进有关生物和水文作用的思考，水可以用于思考任何系统中的"流动"。如果不运用流体的意象，我们的确很难系统地就过程进行思考。在解剖学研究解开人体的内部循环系统之谜以前，人们往往以"潮涨潮落"来想象身体内部的流动。虽有一位名叫伊本·阿尔纳菲斯的学者（1288 年卒于开罗）提出过血液循环的猜想，然而直到 16 世纪中叶，这一观念才被人们接受，此时有关系统和血液循环的思考仿佛雨后春笋般涌现，引发了上一章探讨过的水文和生态系统思维。

水也激活了知识流动性的观念。自然哲学教授汤姆·麦克里什指出，信息以物质形态、分子形式进行流动，相对确切地说是与水一起流动，与"信息在物质，尤其是如水般的物质中的具体形式"一起流动。不过，水也为信息运动提供了一个理想的比喻，表现了知识的代代流传或是通过社会联系和各种传播媒介"流传"的形象。与水一样，知识总是处于流动状态：涓涓细流，缓缓渗出，慢慢渗透，大量涌入，吞没，甚至强行灌输。与水一样，知识既可以滋养心灵道德，象征智慧之源，也可以玷污腐蚀清白，起到毒害大众或扰乱社会的作用。

除了运输地球上的物质以外，水也是经济资源流动的中心隐喻。关于经济系统的想法在很大程度上依赖于流动的形象。它们周期性地循环波动，它们需要注入和输入。财富循环，可能会（也可能不会）形成"涓滴效应"。市场可能泛滥，也可能干涸；其指数可能上浮，但更多时候（近些天来），会不断暴跌至新低。经济和现金流是"流动性"的隐喻，因此，全球金融危机被视为"流动性不足"：

> 自 2007 年 8 月以来，《金融时报》报道了全球金融市场发生的一系列严重破坏和混乱，人们普遍认为这是一种"流动性危机"。这种表述对于试图理解这种混乱的从业者来说习以为常，在学术与政策论述中也屡见不鲜。政府当局也对此作出回应。例如，流动性的"吸入"或"注入"持续出现，是央行连续几轮干预"冻结"的货币市场的主要动机。

在衡量财富与权力的关系方面，水的字面和隐喻性"本质"同样凸显出来。权力涉及行动，即"让事情发生"的能力。从物质层面上来说，没有水，一切都不会发生。因此，水作为一种具有生成性、创造性的物质，与权力和财富的观念有着密切的联系。水使个人、家庭、亲族和整个社会得以繁衍生息，并创造出人们需要并渴望的事物。水不仅为生命，也为社会和文化生活提供了动力，使物质生产过程得以实现，从而创造了财富——健康和福祉——引导其流动。

因此，水的控制对于政治权力来说至关重要。从本质上讲，谁拥有水或掌控水（生命之流），谁就能从根本上掌控着事件的发展。因此，与其他事物相比，与水的所有权、使用权和控制权相关的问题会在全球范围内引发更多冲突，这也就不足为奇了。由于水关乎福祉的方方面面，所以一个社会对水的所有权的分配，就成为了其内部和外部政治关系的精确写照。从这个意义上讲，水的所有权和控制权可以被视为民主的根基，如果人民对最基本的资源失去了直接的、具有代表性的控制，无异于将自己的政治权力拱手让给了未经选举产生的、通常不负责任的主体。

在人类的大部分历史进程中，大多数社会一直将水视为公共商品：由团体全部成员或公民享有，并构成集体财富或福利。究其本质而言，水是一个有凝聚性的社会主体的"命脉"。这自然与水的连结性产生了共鸣。除了通过流动的"血脉"相联系外，人类群体还通过共享水和水道，产生了社会、政治和经济方面的联系。

例如，根据记载，在撰写《末日审判书》（1086 年）时，多塞特郡的斯图尔河全长仅 70 英里，却建有 66 个水磨坊。在斯图尔山谷上下游，磨坊主和船工们必须协作规划水流，这使得河岸村庄之间建立了持续的合作和社会往来。此类共同协作成为水的利用与管理的特点，早在最古老的埃及水利图中，人们就依靠灌溉设备来帮助维护渠道护堤。

此类合作对于处理跨社会界限的问题尤为重要。包括约旦河、科罗拉

新西兰多塞特郡斯图尔河上的水磨坊

基·柴尔德 1747 年创作的蚀刻版画《克努特命令海浪不许把他打湿》

多河、湄公河在内的所有跨越国界的流动河流，都有可能成为边境社会政治冲突或合作的焦点。这凸显了一个现实，即社会与生物体一样，作为孤立系统时，运行效率较低，依赖于积极的相互联系。

跨越时间之水

在一系列相关的隐喻中，水通常被用来阐述与时间有关的概念。水表现事物消逝的能力已经得到印证。例如，在中国，有一项传统做法是在人行道上用水写诗，这些诗句会在几分钟之内蒸发殆尽，强调人们认识到一切状态的存在都只是暂时的。

在思考水与时间的过程中，我们重新启用水拥有原始创造潜力的形象，即作为生命源起的物质。还有什么比象征春天的"青春之泉"更能代表新生呢？还有什么比自然景观中蜿蜒的水流更适合描绘时光的变迁呢？河流是生命在时间和空间上的流逝的完美比喻：河流从未受破坏的山坡上"涌出"，汇聚翻涌的力量存在于激荡的能量、瀑布和湍流中，成为大地上的一股活力。水的运动是关键：人类学家弗朗兹·克劳斯观察到，在芬兰的凯米河谷中，"激流对这里的居民如此重要，沿着这些正强有力流动着的河段，很容易理解为何凯米河被视为'生命之流'"。

河流在向低处流动的过程中逐渐壮大，它们参与到了整个生态系统中，吸收各种物质，在与农业和工业的相互作用中变得成熟，并与当地文化融合。由于许多城市都建立在河口上，河流也呈现出深谙世故、见多识广的都市风格。在其生命旅程接近尾声时，河流通常会蜿蜒前行，活力不再，穷途末"路"。最终，隐入茫茫大海，遁于无形。直到河流的实质部分升腾而起，随空气运动，在高处得以重生。就这样，河流在隐喻性的水文循

英国杜伦大教堂旁的威尔河

《风暴沉船》，约瑟夫·马洛德·威廉·透纳绘于 1823 年

环中，将时间和空间融合在一起。河流承载着这样的希望——看上去有限的物质之旅，实际上依然可以延续下去。

海洋象征回归到存在的"潜力"之中，它激发出了希望和恐惧，使人们抛开物质顾虑，开阔思维，想象自由："我必须再次回到大海"，但即使是这样的憧憬，也会被死亡所触动，这意味着人们已经摆脱了因物质存在所感知的重负。当然，用脚尖轻轻触碰死亡可能会是一场激动人心的体验，而窥视深渊会使人产生一种病态的迷恋。出海就等同于开启了一场穿越深海、险象环生的冒险之旅。灵魂和水升入天堂的画面，可能会令信徒感到慰藉，但是对于大多数人来说，海洋是一座死亡"大水池"，人们不由得产生致命恐惧，害怕被淹没、被吞噬并最终化为无形。用大海思考就要深刻地认识到个体生命注定消散的命运，就像河流入海一去不复返。

经典文学作品中，有许多描写间接提到了水与失去有意识的记忆之间的关系：

> 离这远处，有条溪流。
> 缓缓流动，默默无声。
> 名为忘河，意为遗忘。
> 饮此河之水，

《奥菲莉亚》，约翰·埃弗里特·米莱斯，1851—1852年

前尘往事，一并忘却。

无喜无悲，无乐无痛。

遗忘之河代表着希腊人善忘的精神。忘河的水，流经睡神希普诺斯洞府旁的冥府，人们认为喝了此水记忆会完全丧失。忘河也被称为"漫不经心的河流"。随着记忆的消散和思维的清除，灵魂得以自我释放。忘记早先的存在，才能入住新的身体。关于水、时间和失去的思想经久不衰，例如杰·罗斯·戈夫斯最近的一首歌中，便请求忘河帮助他遗忘以减轻痛苦。

让自己随水而逝的观念，并不局限于西方古典传统。

在新西兰，毛利人的信仰描述了死者的灵魂正朝着他们的起源之地哈瓦基进发，该岛屿是他们祖先的家。为了到达此地，他们沿着亡灵之路来到新西兰最北端——雷因格海角，塔斯曼海与太平洋交汇之处。在那儿，他们从一条小溪的水里"喝下遗忘之水"，然后顺着胡图卡瓦的树根滑下，消失在通

往地下世界的洞穴里。

加拿大原住民诗人乌瓦努克的诗中写道：

大海

给我自由，把我带走，

就像一条有力的河流

携带着一棵水草。

大地和她猛烈的风

将我移动，把我带走，

我的灵魂被喜悦吞噬。

因此，世界各地不同时期的文化传统，都充满了人类在最后的旅程中越过水进入地下或另一个世界的画面，按照规律将人类从水文层面划分为：可能会沉入水中消散的肉体，以及摆脱了尘世烦恼的灵魂——可升入天堂。

但在尘世之中，或许更是如此。海岸线是一个模糊的临界空间，介于存在和虚无之间。

而人们是如何用湿地"思考"的呢？这里的水，进入沼泽地后，就失去了前进的动力。

淤泥的二元性

狩猎采集者对他们的家乡风貌分外熟悉，或许还更加偏爱湿地中水的微妙流动，通常会积极地认为，这些地区集聚着丰富的资源。环保主义者更推崇这种观点，比如亨利·戴维·梭罗和约翰·缪尔等作家，他们将沼泽视为创造生命的肥沃之地，生物多样性的避风港口。爱尔兰诗人谢默斯·希尼对湿地作为生态系统的重要性赞许有加，在他笔下，爱尔兰沼泽是"地球的元音"，而干旱之地则是生硬的辅音。

然而在其他历史时期，对湿地的描述更加具有负面性，更令人恐惧：它是神秘的流体空间，充满了不可靠的沼泽和怪异的瘴气，是怪物的栖息地。这种较为黑暗的观点之所以产生，是因为人们对湿地资源和崇拜自然的宗教依赖发生转变。这些宗教"积极地将沼泽女性化为新生命的来源"，而后人们转向人性化、男性化的宗教和经济，更加注重旱地农业。随着人们越来越多地运用工具主义的方式与环境互动，湿地被重新赋予原始的女性特质，需要由男性来控制和教化：

> 随着资本主义在欧洲父权社会的庇护下兴起以及现代城市的出现，家乡和殖民地湿地的黑水被许多公民视为前现代的荒原或荒野，将其征服是"进步"的标志。人们排干湿地，或者填充湿地造出无生命的地面并将其私有化，然后在上面发展农业，建立城市。

或许，部分问题也在于，湿地并不是真正的土地或水体，界限模糊往往会加剧焦虑。污泥，既不是土壤，也不是水，有着类似的不确定性。法国哲学家萨特对此感到恐惧，认为它代表着男性的卓越，是女性的对立面。英国艺术评论家约翰·拉斯金的作品中也表现出类似的强烈反感，他对用泥浆修补的贫穷和烂泥的描写反映了维多利亚时代人们对沼泽和瘴疠的不安。英国作家约翰·本扬的《朝圣者的进程》（其犀利的副标题为"从眼前的世界到即将到来的世界"）中有一段著名的描写是从"绝境"中进步。许多关于地狱的历史视角，例如但丁的《地狱》，都含有污水和淤泥，认为它们是"停滞"和固体溶解的结果。詹姆斯·格雷厄姆·巴拉德《溺死的世界》中,以丰富的笔触描写了"文明"以这种方式走向地狱的想法,腐败贪婪的世界由此变成了腐烂的沼泽。因此,"腐败"的东西变成污泥,需要被进一步转化:分离成肥沃的土壤和洁净的水,以便回收利用。

思维之下

混沌埋藏在深水里的观点,反复出现在其他对流体的隐喻中。就像人体内部有维持生物循环的"次海"一样,也存在着其他"内部海洋"。

例如,弗洛伊德派的观点,取决于有意识自我的构想——有序、成熟和"成形的"自我以及无意识自我的原始、无序的海洋,弗洛伊德将其描述为"混沌、充满着由本能激起的沸腾冲动的铁锅"。而根据荣格的说法,在这片内海中,有大卫·吉尔摩所称的"混乱怪物":潜伏在思维深处的可怕存在,例如存在于共同的宇宙海洋中的深海巨怪利维坦、北海巨妖克拉肯和巨蛇。他以"思维需要怪物"来隐喻人类希望否定的对象:

> 怪物具体体现了对社会生活的存亡威胁,混沌、返祖和消极主义,象征着对秩序和进步的破坏以及一切阻碍。自弗洛伊德时代以来,我们就知道,幻想出的怪物不只是政治隐喻,更是自

挪威芬瑟山村的一片山顶湿地

我压抑的投射。无论被压抑的部分称为本我、自我毁灭的本能、女性内心的阳刚、男性内心的阴柔或是本能……思维怪物始终是由熟悉的自我伪装成的陌生的他者。

无论是从海洋深处出现，还是潜伏在沼泽湿地模糊的中间地带，还是更加直接地将其视为内在自我的居民。这些怪物都在提醒人们，危险和混乱存在于金光闪闪的水面之下。

心海

没有人听见他的声音，死去的人，
但他仍躺着悲叹着：
远不同你所想，
我并不是挥手而是在求救。

可怜的人啊，一直喜欢冒险，
而现在他已如愿。
一定是过于寒冷才让他的心脏停止跳动，
他们说，
哦，不，不，不，一直都那么冷。

（死去的人仍躺着悲叹着），
我的一生过于遥远，
我并不是挥手而是在求救。

内海也流经心脏，掌握着情感的潮汐。人们不仅用水流来表达人体对情绪的生理反应，比如面色潮红、脉如潮涌、血液奔流等，也用水来阐释情绪的作用。情绪起起落落，有时如洪水般失去控制，我们也因此不能自已。情绪退去，留下一片空虚。水善变的特点特别有助于描述情绪的冻结与融化、热与冷的变化。在描述行为的隐喻中，人们或冷酷严苛，或温暖热情。亲密关系也可能被积极地描述为"如同蒸汽"，而"性交"，字面意义为液体交换（如母乳喂养或输血）代表着生命的终极流动，跨越了个体自身的界限。界限的消除和液体的交换，能够融合身份与感觉，如英国诗人华兹华斯的诗歌所写：

> 她哭了。生活的紫潮开始流淌，
>
> 懒懒地流过每条颤动的静脉；
>
> 我游动的目光黯淡，我的脉搏跳动缓慢，
>
> 而我全心全意地忍受着痛苦的甘甜。

就像水的隐喻描述了个体间联系的流动一样，更加广泛的社会关系也可以根据它们在共同物质中的可见度进行评估。不同群体或因共同的身份而合，或因缺乏流动而分。这在与种族和民族相关的语言中最为明显，"我们"由某一特定地点的共有的血液和/或共有的水而组成，而"他/它"则截然不同。异质性或差异性的概念有赖于物质和同一性观念之间的联系，其中"其他"则构成了潜在的污染。

"侵略的浪潮"则由异物构成，这些异物想要"涌入""吞没"，从而污染并扰乱井然有序的社会体系。这不仅涉及"其他"人的自我流动（与异族通婚的核心概念），而且还与"其他"信仰、知识与价值观的流动相关。血液会被污染的想法根深蒂固，人们认为，这种可感知的污染不仅会因外

部身份的注入而发生，而且还会随犯罪史、家庭精神疾病史而发生，当然还会受到侵入的细菌和病毒"异物"所携带的污染性"疾病"的影响。

至此，因为具有特殊的性质，水被赋予了丰富的内涵，从个体生命的微生物流到共有的宇宙论中辽阔的海洋，将人类生活的各个方面联系在一起。这些内涵除了能使我们用隐喻来表达自己的想法和感觉外，还渗透到我们对水以及与水有关的个体、文化与社会参与的每一个层面。因此，这些内涵贯穿于应该如何使用、管理、拥有和控制水的始终，并制定相关政策。

新西兰南岛的冰川

第四章　水的旅程

水流如人潮

水一直与世界各地的人类流动息息相关。在大冰期和暖期，水的冻融既限制了人口的早期迁移，又为其创造了条件。随着时间的流逝，人类群体先沿着地球上的水道、海岸线迁移，后来又漂洋过海，到达新的地方。

16 万年前，发源于非洲的智人，首先沿着水道扩大地盘，随后又踏上了漫长的旅程，跨越当时还绿意盎然的撒哈拉沙漠，到达黎凡特。他们的第一次迁徙尝试由于全球进入冰冻期而不得不放弃。在石器时代后期，干旱等压力因素导致人口数量骤减。也正是在此之后，人口才得以更加稳定地增长并走出非洲，分布到世界各地。

在人口流动的过程中，水依然重要，因为人类一路沿着海岸线进行"海滩梳理"维持自己的生活，并利用了亚洲周边的湿地和海洋资源。在旧石器时代，人类开始尝试利用竹筏、木筏和独木舟进行海上航行。大约 6 万年前，人类到达了澳大利亚，由于海平面较低，彼时不过是从帝汶岛跨过龙目海峡的短途旅行。由于冰川的阻碍作用，人类又花了 2 万年的时间才进入欧洲，并冒险进入北亚和北极圈。

然后，大约 2.5 万年前，人类沿着海岸线和冰廊迁徙，穿过白令海峡，进入美洲大地。

这段时间里，人类社会一直过着狩猎采集者的生活，使用简单的石制工具以及随后出现的金属工具，来适应各种环境。两件事决定了人类的生存和福祉：水和知识。无论水以哪种形式存在，湿地、河流、海洋环境或是沙漠泉水，传统狩猎采集者的生活都围绕着水源以及依赖水源存在的丰富物种而进行。详细而全面地了解当地环境、动植物以及季节变化也同等重要，即掌握资源出现的时间和地点。

　　此类知识的关键部分与水有直接的联系：什么时候下雨，发生洪水时去哪里躲避，旱季要去哪里寻找水源，河流和洋流如何流动以及哪里可以找到水生生物。由于缺乏储水技术，深入理解水文模式甚至地下水流的知识必不可少，并且如前所述，这些理解经常被有创意地用于构建世界宇宙学的模型。在这一模型中，水带着以精神形式存在的人类从水源地来到可见的世界，然后又回到不可见的水域。

　　众所周知，法国社会学家埃米尔·涂尔干观察到，人类社会的宗教信仰反映了其特定的社会和政治结构。狩猎采集者社会通常由年长者领导，趋向于拥有类似的平等主义的宗教观念，其情感观念被具有生成性的水赋予了生命和活力，同时包含众多的精神存在。就像人类自己一样，人类社会总是紧紧围绕在水资源周围，聚集在资源最丰富的地带，确保了自人类历史早期阶段开始，人们就开始崇敬泉水及其善于变化的能力。

　　在狩猎采集者社会的神话中，主要描述了被赋予生命的大地和水域与人类建立起友善互惠的伙伴关系的故事。这些神话传说预示了但丁和弗洛伊德数千年来在阐明水体的模糊性以及水赋予生命或夺取生命的深层内涵。

　　作为通往地下世界的门户，水域充满危险。澳大利亚的原住民故事中常有些警世故事，讲述了擅闯者或违反祖先律令的人是如何被愤怒的水蛇吞噬和溺死的。即使是在今天，在澳大利亚的许多地方，到访土著人家园的陌生人，仍需用当地的水受洗，这样这些地方的祖先才会知道而不伤害他们。

　　南非孔桑族人的传统宇宙信仰，同样涉及危险的水生生物，例如"死神"库瓦"是雨水的化身，在水塘中安家，同时也是水塘中水的化身"。在扎姆人的神话中，"死亡等同于水下"，还存在一个被灵魂和"怪物"或"愤怒的东西"占据着的地下世界。当某些禁忌被触犯而使它感到愤怒时，它就会浮出水面影响人类生活。

澳大利亚约克角的原住民受洗仪式

　　欧洲的狩猎采集者与其他大陆的狩猎采集者一样，都对井水和泉水投以现实和宗教方面的关注。古代英国和欧洲拥有数千口圣井。关于这些圣井在罗马时代之前、基督前的使用情况，只有零星的记载，且主要由凯撒大帝等罗马的军事入侵者，普林尼等作家和诗人卢坎提供。不过，他们确实提供了一些有关凯尔特人在水井举行祭祀仪式的记载，并且似乎这些仪式提供了途径，使人们感应到女性神灵的生成性力量。而周围丛生的树木或者后来出现的圆形石阵和木阵，在形态上进行了呼应，从而表达出一种互补的男性主义思想。在这些地方，水得到了赞扬和抚慰，以鼓励其创造性行为，并劝阻其以破坏性的方式使用力量。

　　人类社会最早的神话、深水怪谈的经典传说以及最新心理学观点中关于原始的自我及其潜伏怪物的共鸣，有力地强调了水流入人类想象的途径。但是，结合这些想法，我们还可以得到一些重要的变化轨迹，说明社会是如何在与水的实际关系中平衡权力。狩猎采集者社会仅通过非常微弱的方式来管理其所处的物质环境，比如在营地附近采集食物和药用植物；建立临时的小型陷阱和堰坝捕鱼，以提高收获的鱼量，并增加野生动物的水源；仔细清洁和维护水井与泉水的洁净。与接下来发生的事情相比，这不过是"轻触"而已。

水的驯化

　　大约一万年以前，位于不同地点、处于不同时代的人类社会开始驯养动植物。从最初在狩猎中与狗非正式合作以及在常驻营地周围小规模种植植物，逐渐发展到在森林中建起临时的"菜园"，并圈养猪、山羊、驯鹿或牛。有了建造木筏和独木舟的能力后，人类便获得了探索世界上全新区域的能力。例如，毛利人的祖先经由中国台湾，从东南亚来到太平洋地区，而拉匹塔陶器则将他们定位在距今 3500 年前的新几内亚东部的俾斯麦群岛。在公元前 1000 多年间，他们辗转多个岛屿，穿越太平洋，经过美拉尼西亚、新喀里多尼亚，进入斐济、汤加和萨摩亚，并很有可能漂洋过海直抵南美。他们乘坐大型独木舟，载着种子、植物和动物，依靠敏锐的能力读取风、潮汐和即将抵达陆地的讯号，以寻找如斑点般散布在广阔蓝色海洋中的小岛。到公元 13 世纪中叶，一些独木舟已经远达新西兰，开创了关于独木舟"伟大舰队"的传奇。据说，每个舰队都由某一特定部落的祖先即"伊维"庇佑。

　　这样的谋生方式非常具有可持续性，尽管在新西兰等地，有些森林遭

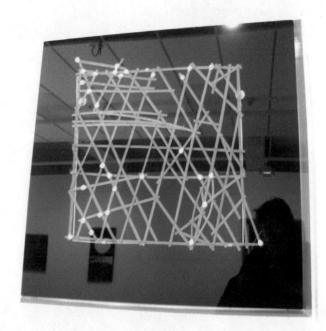

马克萨斯群岛的传统木棍地图，摄于新西兰蒂帕帕博物馆

到严重采伐。在世界上一些更大型的社会群体中，发生了美国演化生物学家贾雷德·戴蒙德所说的"人类最严重的错误"，即进入农业社会。当然，还存在其他看法：历史通常将农业视为通往文明进化道路上的"进步"。但是戴蒙德坚持己见，将农业描述为"一场灾难，我们仍在遭受的灾难。农业带来了恶劣的社会不平等、性别不平等，疾病和独裁，诅咒了我们的生存"。他说，从本质上来说，人类社会必须在限制增长（很少有人这样做）或在集中生产食物以及以减少多样性为代价换取大量食品之间做出选择。对世界大多数地区来说，在控制人口数量方面几乎没有压力，因为在农业支持下，蓬勃发展的社会完全将零星分布的少数狩猎采集者逼退到边缘地带，甚至使他们无路可退。这一过程随着后来的殖民扩张而一直持续。

位于库克群岛拉罗汤加岛的芋头花园

　　无论是福还是祸，农业都包含了人类与水关系的根本改变。首先，湿地地区继续发挥关键的经济作用。例如，在东南亚和巴布亚新几内亚，新石器时代的农耕方式改变了沼泽地区微妙的水流方向，以帮助芋头生长。

但是，更需要主动灌溉的作物是水稻，人们认为水稻是由伊洛瓦底江、湄公河和长江上游的野生稻培育而来：

> 现在已知的大面积水稻种植的最古老的遗址，是位于太湖之畔、靠近长江河口的河姆渡遗址……至少在 8000 年前，这一地区和附近定居点的居民已经开始在洪水退去时开展大规模的水稻种植……使用新石器时代农民的挖掘棒和石制工具。

这也是一个造就了水利社会兴起的时代。在美索不达米亚的底格里斯河和幼发拉底河以及埃及的尼罗河、印度的印度河和中国的黄河沿岸，农民开始研究河流系统洪水泛滥的自然周期，总结其起落规律，从而调整农事活动的时间。这种伺机利用自然洪水的方式几乎不造成生态影响。美国地理学家卡尔·巴策观察到，在尼罗河沿岸：

> 早期的农耕社区一如既往地将树木繁茂的河岸用作定居点。每年八到九个月的时间里，在河漫滩的野外草地上和灌木丛中放牧。当洪水退去时，则在潮湿的盆地土壤上种植农作物。

菲律宾巴拿威灌溉后的水稻梯田

在尼罗河、灌木丛与"瞪羚之地",在空旷的野外或沙漠中,大型野生动物频繁出没。而在尼罗河沿岸或"纸莎草之地",蜿蜒河道中的滩涂地带、漫滩沼泽以及三角洲潟湖中生长着茂密的纸莎草、芦苇和田田莲叶的地方,飞禽成群。

　　即便是低调地操纵自然中的水运动，例如建造低矮的堤岸，挖掘小水渠，都需要大量劳动力，用挖掘棒和石头工具所能做到的始终有限。一些社会群体继而发明出了错综复杂的方法来管理水的流动，例如水稻梯田。这些方法需要配合水在地面上的自然流动才能起作用。虽然环境只是逐渐发生改变，但人类的定居和对季节性作物的依赖性增强，使各种知识变得更加重要，人类宇宙观也随之发生变化。许多本地化的精神存在仍然保留下来，但重点已转移到更高层次的神灵上，这不仅反映了农业社会的社会制度、等级体系更加森严，还着重体现出日、月和水文流动之间的相互作用。

大地与天空

　　早期农业灌溉社会的宇宙观，表明了人们对天体与水在天地之间运动的关系有了深刻的认识。尽管起源神话中描述了水的原始混沌状态，但神话却与水的有序构想更加密切相关，即水以年为周期从天而降，使土地肥沃、作物生长。

　　许多世纪以来，在一系列的宗教变迁和传播过程中，狩猎采集者的宇宙论中显而易见的男女平衡观点得以保留。日月之神，如古埃及太阳神拉和印度教太阳神婆罗门苏里亚与雨神相互沟通，确保每年的水流量。神明的性别并不重要，有些神甚至雌雄同体。例如，对塔穆兹的崇拜可以追溯到苏美尔时代早期。他的名字的意思是"地下（淡水）海洋忠实的儿子"，但在苏美尔后期的礼拜仪式中，"他"也被称为"治愈之主"、萨塔兰、"蛇女神"以及"天母蟒"。

与之类似的是埃及对冥神奥西里斯的崇拜，奥西里斯在不同时期表现出不同的性别，有时与女性配偶伊希斯结成一对。但是，或许最好还是将他/她描述为水的潜力和生育的一种更加普遍的概念，代表"尼罗河谷的草木在初夏凋零，被尼罗河具有生命赋予能力的洪流吞没。当洪水退去之后，生命便得以复苏"。

古埃及神明奥西里斯

古代文字和符号通常将水和生育联系在一起。值得注意的是，随着农业的兴起，早期的希伯来语文字和阿拉伯语文字中出现了广为流传的男性概念，男性即"灌溉者"。亚述语楔形文字中水的符号，也被用来表示"成为父亲"。在旧约中，雅各的家"从犹大的水里出来……水从他的桶中流出，他的种子撒在多片水域之中"。希伯来语词语 shangal（性交）与阿拉伯语词语 sadjala（溢水）有异曲同工之妙。在古兰经中，mâ'un（水）一词也用来指代精液。

就像初期的起源神话以丰富的想象力利用水的流动使水的文学创造力概念化，并构想主管降雨的神明也利用了水的特征及其在世界范围内的流动。就像象征永恒的衔尾蛇一样，这些神灵通常是蛇形生物，以周期循环

越南西贡一座寺庙中的七头蛇神

的方式流动。因此，在一首对奥西里斯的古老赞美诗中这样唱道："你真伟大，你的绿色源自伟大的绿色水域。你的圆是伟大圆环之圆。"弗朗西斯·赫胥黎将他与玛雅人崇拜的鬣蜥作比较：

> 伊扎姆·纳（Itzim Na），其中伊扎姆的意思是鬣蜥蜴，而纳即房子或女人，其名字与牛奶、露水、蜡、松香和植物汁液相联系。伊扎姆·纳拥有双性，其中男性本质在天上，"在海浪中"，而他不忠诚的伴侣在大地上，是掌管织布和绘画的女神，她的月亮情人让他／她的配偶一年不如一年。

不难理解，为何早期的农业社会偏爱水蛇，因为它由水和力量组成，在天地之间循环以创造生命。巴比伦的伊亚、印度的纳迦、普埃布洛的"角

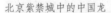

北京紫禁城中的中国龙

蛇"等，无一例外都清晰地说明了农业依赖水的流动。在《易经》等著作中，有古代中国龙戏天珠（月亮）的描述：

> 龙是一种与蛇类似的水生动物，冬日沉睡于水塘之中，春日腾跃而起。龙是雷神，当它（作为雨）出现在稻田之中，或（作为黑暗和黄云）出现在天空之中，就能带来好收成。也就是说龙兴云布雨，润泽大地。

如同澳大利亚早期出现的彩虹蛇一样，许多此类生物，在语言上都与彩虹联系在一起。例如，中文中雨蛇或龙一词与"虹"、"弓"、"拱"、"空"、"陵"和"穹"同源。这些词汇在语言上的联系，从视觉形式上就能体现出来，中国的龙通常像弓一样弯曲。在南亚和东亚的早期艺术中，水生生物以彩虹的形式出现，例如印度的摩迦罗就是一条两端各有一个怪物的头的彩虹。此形象的中国版本头朝外，柬埔寨和爪哇的海龙和雨龙雕塑也受此影响。

通过运用这些奇妙的生物所象征的水文循环，早期的农学家设法种植多种不同的农作物。在黎凡特的新石器时代遗址中，考古学家们发现了大麦、小麦和一些豆类的种子和谷壳。随着灌溉技术的普及与动植物的进一步驯化，使社会能够种植亚麻、豆类、玉米、棉花、大豆和水稻，随后还培育出了枣、无花果和橄榄等水果。

由于极度依赖蛇形雨神每年带来的雨水，并且担心缺雨（或代表众神之怒的洪水），早期的治水者们对这些生物以及它们所化身的河流表现出极大的敬畏之情。他们祭祀神灵，有时甚至以人为祭品，由此引发了一系列关于水体需要用人祭祀的想法。这些想法在世界各地以各种形式流传数千年之久。许多河流被奉为神灵，比如，大约公元前2600年，在印度河沿岸，一个依水而生的社会兴盛起来。印度河被视为女神和母亲，为她举办崇拜仪式的传统延续至今。

　　这些仪式通常包含酒祀：例如，在第五和第六王朝的埃及墓葬中发现的金字塔文字，便描述了如果配上咒语，献祭"神的液体"即尼罗河与奥

树中举行酒祭的埃及女神以及下跪的妇女和人头鸟，绘于人偶木箱上的装饰画

西里斯河的河水，就能够使干瘪的尸体复活。就像凯尔特人的"绿人"或希腊海神格劳科斯一样，奥西里斯也被称为"常青"或"绿人"。据说无论走到哪里，奥西里斯都会留下绿色的足迹。在阿尔·基德尔发现了生命之井的古伊斯兰故事，可以印证水与永生之间，早就产生过联系。这口生命之井在许多神话故事中都作为青春之泉出现。

因此，很明显，水作为创造性、生成性源泉的含义，实现了相对平稳的过渡，从狩猎采集者所共有的小范围构想转变为早期农业社会中以洪水为中心的较大的宇宙模型；而且两者之间似乎存在共同表达敬畏之情的仪式，并想要供奉象征着水的作用和力量的神明。

灌溉与人类

随着时间的推移，农业生产力的提高、金属工具的发明以及对牛（包括公牛）的驯化，都为新的灌溉技术和集约式农业发展打开了水闸。有人提出，大约公元前3000年发生的区域性气候变化进一步推动了中东地区的发展。王朝统治以前的一段时期里降雨频发，自此之后干旱日趋严重。

在这些因素（当然还有许多其他因素）的共同作用下，农业社会发生了重大转变，其与环境的关系变得更具指示性，与水的关系更是如此。这些变化和人口的进一步扩张共同影响了社会和政治组织形式，并加大了权力关系上的分歧。新的宗教形式便反映出了这些变化，越来越多地描述人性化的神灵，暗示着能动性已经从万物有灵的非人类存在转移到了人类手中。

随着灌溉技术的蓬勃发展，人类领袖渐渐开始神化。在古埃及和古巴比伦，帝王实施灌溉工程的画面便彰显了帝王的仁慈。随着时间的推移，人们不仅认为帝王提供的水源可以使沙漠变为沃土，而且还将帝王视为水

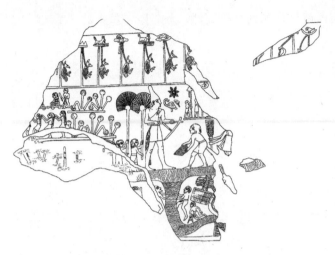

"蝎子王"，纳尔迈权杖头，约公元前 3100 年

自身创造力在现实中的化身。因此，人们进一步认为农业上的成功和人民的福祉是国王生命力的体现。

作为灌溉技术最早的记载之一，一个公元前 3100 年左右的埃及权杖头，展示了蝎子王切下灌溉水渠的第一块草皮的场景，同时还描绘了一个男子手持篮子（种子），另一男子拿着一些玉米穗的画面。这些场景和画面都与一项庆祝每年洪水泛滥的重要仪式有关，即"破河之日"。这个仪式一直延续到 19 世纪。

为了进一步发挥人类的控制水平（或至少产生这样的错觉），人们小心翼翼地采用水位计来测量尼罗河水的涨落，水位计是标有历年水位的石室。这些都与崇敬塞拉匹斯神的庙宇有关，人们认为是这位神明创造了洪水。

约公元前 3000 年，国王美尼斯在尼罗河上修建了第一座大坝，并同时将自己封为第一任法老。随后其他水坝相继修建，灌溉技术也更加先进。

埃及大象岛的尼罗河标尺

人工湖和运河也修建完成。波斯水车和水坝出现在印度河沿岸，而在中国，也有许多人们对水加强控制的故事被记录下来。中国古代有一位重要的英雄，名叫大禹，人们认为是他为该地带来了文明。根据记载，由于他高尚的德行，众神授权他掌管世间的秩序。他的传奇成就是让黄河改道（之前被高山挡住），并最终掌控了中国所有的河流。随后，大禹建立了历史上第一个有记载的王朝——夏朝（公元前 2207 至前 1766 年），并成为中国第一任统治者，他因治水获得的政治权力由此得以体现。（我国现在通常认为夏朝的建立者是启，此处为作者观点。夏朝时间约为公元前 2070 至前 1600 年。——编者按）

这说明了一个关键问题，即复杂的灌溉技术的出现，在加强人类对物质环境和非人类物种的控制的同时，也需要对人类社会内部进行更有力的控制，管理公共基础设施以及因集约式粮食生产而产生的规模更大、分布更集中的人口。

大型基础设施安排需要管理和合作。通过制定法律，如《汉谟拉比法典》，对公元前 1772 年刻在石碑上的苏美尔和巴比伦法律进行编纂整理，水利社会开始要求公民承担维护运河堤防和疏浚河道的共同责任。伴随着这些安排，更多的区域政治安排和更强大的领导人出现了。正是由于这些变化，在世界上人口密集的地区，男神、女神众多的多神崇拜走向衰落，至高无上的领导和父权制神教开始兴起。

父权下的水

> 全能的神！除你之外，无一人之手，
>
> 可以探查这涌动的潮水；
>
> 伸出你拥有神力的手臂，
>
> 命令洪水，让它消退。

早期的犹太基督教经典和阿拉伯语典籍中，都呈现出一系列转变，各路神灵和先知让位于一位无所不在、无所不能的男性。两种宗教传统中关于古代洪水的故事，都保留了水乱和无序的概念，但都被重新描述为一位全能的神在行使惩罚与宽恕的权力。在这些文字中，以前的宗教传统中受到重视的利维坦水蛇，不再被视为强大（虽然危险）且有创造力的存在，而是被消极地视为无序本身。

在规模更大、力量更强的社会中，人们逐渐把大自然的物质世界女性化，与（男性化）人类文明形成鲜明对照。与以前的更加完整协调的宇宙观相比，这种分歧呈现出一种截然不同的秩序感，人们认为，非人事物包括世界上各种不同的水在内，都与人类相互配合。非人被重塑为"他者"，并认为需要由人类（和男性）来统治。既有混乱的水，比如不受遏制的失控洪水，也有"温驯"的水，比如在合适的时间到来的适量的雨水以及通过灌溉渠控制的在需要的时候出现的水。因此，在越来越倾向于一神论的宗教教义中，占据主导地位的天堂即是一片受到精心打理，悉心浇灌的农业园：

> 《耶和华文献》的神话与灌溉和生产有关——上帝"在伊甸种了一个园子"，"有河从伊甸流出来，浇灌整个园子"……耶和华将人安置在伊甸，让他去打理并照顾园子。

15世纪彩绘装饰手抄书《布鲁日嘉德录》中，描绘的圣·乔治形象

是父权制下的人性化上帝给予水并保留对水的控制，从先前的自然神明手中夺走权力。《圣经》和《古兰经》中都写满了上帝仁慈施水的意象，从神殿流下的水起到提供肥力、增产、清洁和净化的作用。据后来的典籍记载，这水还能带来心灵智慧与理性启迪。

从此番叙述中，明显可以看出，无论是水与宗教的关系，还是水与物质的关系，都是建立在先前的思想基础上，对这些思想进行吸收和重塑而形成的。一神教与指导性和工具性越来越强的水管理措施相一致。随着宇宙和物质的力量和作用都完全掌握在人类手中，当务之急是消除以前和现在存在的关于非人力量的颠覆性思想。

随后是对大蛇的一系列杀戮。早期的巴比伦和美索不达米亚"战斗神话"中，混沌初期的巨兽利维坦被屠。以此为蓝本，这些故事（通常）描述了男性文明中的英雄人物——道德高尚的战士，其职责就是从内部和外部展示人类对自然罪恶力量的权威的反抗。屠龙英雄圣·乔治和基督教天使长圣·迈克尔是最典型的例子，他们出现在屠杀"大蛇"或"异教徒"的多幅图像之中，而许多早期的基督教圣徒也通过屠龙而赢得骑士身份。这些故事与一神论一脉相承，并传播到世界各地，例如，创造出北欧神话中的英雄西格德，当然还有史诗《贝奥武夫》，希腊神话中的赫拉克勒斯，波斯神话中的英雄人物密特拉以及印度教典籍中的主神奎师那和大蛇阿迦修罗。

在大量描述这些英雄事迹的视觉和叙事意象中，这些大蛇包括伊甸园中的蛇，经常被描绘成女性。这样一来，作为自然的形象以及崇尚非人类神明的宗教传统，人们开始用蜿蜒的蛇形水体代表次等的（就一神论而言）异教信仰。在圣经叙述发展壮大的过程中，它所扮演的角色越来越接近邪恶的化身。在中世纪，它与关于死亡和消极的思想共鸣，大蛇不仅代表着来自深海的巨兽，还象征着"地狱之口"，会在末日审判时吞噬灵魂。这

奎师那杀死大蛇阿迦修罗，1675—1700 年间绘制

种思想上的一致性并没有消失：在 1969 年出版的《黑暗圣经》中，利维坦仍然代表着水这个元素及其水潜在的创造力和破坏力。

　　人们在思想概念上将自然，尤其是水女性化，同时还在宗教、社会和政治体系中，与物质世界的关系中，尤其是与水的重要关系中主张男性权威。因此，灌溉使人类主宰的宇宙起源和发展构想成为了可能，并由此得以实现。

第五章　水的改道

诱人的力量

　　早期的灌溉方案表明人类社会在控制物质环境、养活更多人口的能力上有了巨大飞跃。能够引导生命元素，将其积蓄并"据为己有"，也极具诱惑力。水坝和河道的魅力也不难理解：灌溉庄稼看到绿意萌发，无论是在大规模的农业生产中，还是在狭小的家庭空间中，都具有"绿化世界"的能力所带来的满足感。一旦人们开始以更具引导性的方式与水接触，就必然一发不可收拾，想要做更多的事情：建造更大的水坝和运河乃至引导事件的"流向"。的确，可以很合理地说对水的控制比任何其他事物都更能改变人类与地球上其他物种的关系，并确立了人类能动性的首要地位。

　　这种权力也具有潜在的竞争性：在河流上可以筑坝控制，截流下游敌人的水源，或者通过神圣的力量向他们泄洪以示惩罚。一位亚述国王森纳·谢里布（前705—前681年）曾在幼发拉底河筑坝，以便向巴比伦泄洪。"对我来说，亚述国王森纳·谢里布借上帝的旨意来做这件事，引起了我的注意，并使其变得非常重要。" 森纳·谢里布还是一位水务工程师，他发明了提水机，使亚述地区也能种植棉花。他建造了绿色的花园，浇灌大片的种植园，为人们建造"美丽的井"。对于自己的成就，他也毫不谦逊，在古亚述首都尼尼微的楔形文字碑上记录如下：

　　　　我挖掘了十八条河。我使胡苏尔河中游改道，从基西尔市的边界到尼尼微中部的河渠是我挖掘的。我使河水顺势而下……我从我国阿卡德边境上的崇山峻岭的塔兹的土地中汲取了这些水的力量，……

　　　　在那条"森纳·谢里布河"入口的石头上，我记下了它的

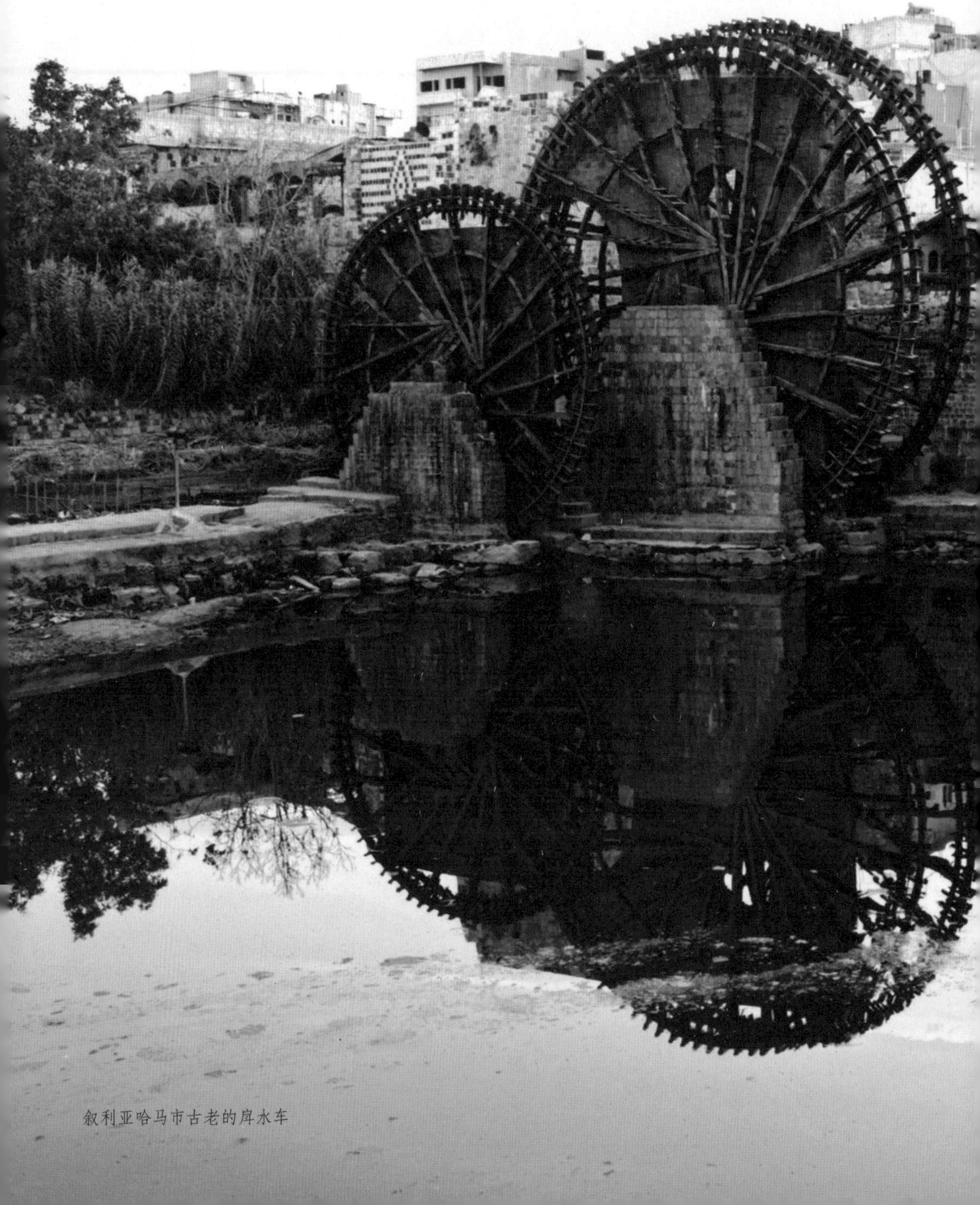

叙利亚哈马市古老的戽水车

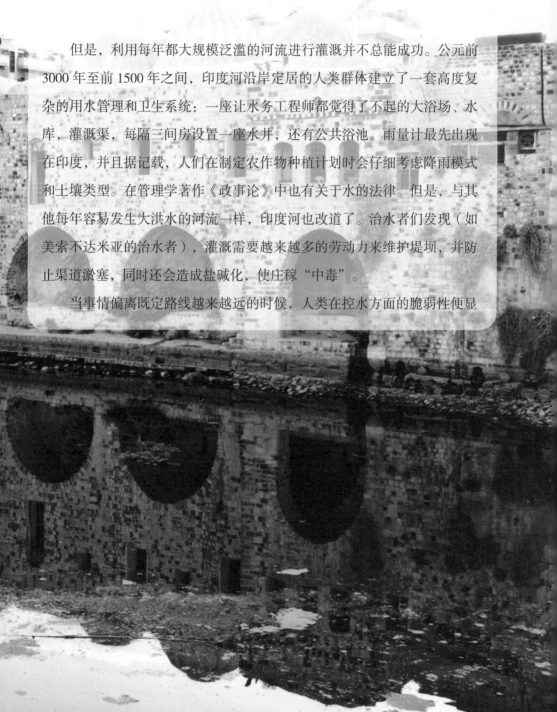

名字……我让胡苏尔河改道，建造通往尼尼微的水渠——一个至高无上的中心地点，我把我的龙椅从远处搬来这里。

但是，利用每年都大规模泛滥的河流进行灌溉并不总能成功。公元前3000年至前1500年之间，印度河沿岸定居的人类群体建立了一套高度复杂的用水管理和卫生系统：一座让水务工程师都觉得了不起的大浴场、水库，灌溉渠，每隔三间房设置一座水井，还有公共浴池。雨量计最先出现在印度，并且据记载，人们在制定农作物种植计划时会仔细考虑降雨模式和土壤类型。在管理学著作《政事论》中也有关于水的法律。但是，与其他每年容易发生大洪水的河流一样，印度河也改道了。治水者们发现（如美索不达米亚的治水者），灌溉需要越来越多的劳动力来维护堤坝，并防止渠道淤塞，同时还会造成盐碱化，使庄稼"中毒"。

当事情偏离既定路线越来越远的时候，人类在控水方面的脆弱性便显现出来了。据《古兰经》记载，公元前400年，也门的马里布大坝决堤。它建于公元前1000年至前700年之间，曾被认为是世界奇观之一，但上帝仍降下惩罚："西巴的子民拥有美丽的花园，丰硕的果实。但这些人背弃了上帝，为了惩罚他们，他决开了大坝，让良园结出苦果。"

　　从某种程度上来说，在每年水流量比较稳定的地区，更容易建造灌溉系统。即使是在干旱地区，小规模技术也能卓有成效。例如，公元前一千年内，通过广泛使用坎儿井（地下灌溉渠），埃及及其毗邻地区取得了可观的农业成就。坎儿井利用一系列连接地下隧道的竖井从山坡上取水。到了7世纪，波斯水车对用水管理产生了重大影响。

位于法国普罗旺斯的嘉德桥，由古罗马人建造，全长50千米，将乌泽小镇的泉水运往罗马殖民地尼姆

温带地区人口密度更高，因而需要规模更大的供水系统，特别是公元前600年左右，地中海地区开始出现了第一批城市社会。在这些社会中，可以利用水的力量来做以前需要大量人力的工作。因此有一部分人不仅摆脱了粮食生产的束缚，而且开始富足起来，拥有大量闲暇时间。水流入城市，也带来了思想的流动，包括科学实验和尖端技术的发展。

这种与水互动的方式更具引导性，古代罗马人曾有例证，他们征服了大片领土并在此过程中俘获了大批奴隶，建造了几条世界上最壮观的水渠。公元前312年，古罗马监察官阿比乌斯·克劳狄·凯库斯建造了其中的第一条水渠，即阿庇亚引水渠。随后的几个世纪见证了在整个罗马帝国范围内进行的大规模建筑项目，不仅包括水渠和地下沟渠，还包括排污系统、道路和港口。

公元前27至前17年之间，罗马最著名的水务工程师之一，马尔库斯·维特鲁威·波利奥撰写了一部专著，即《建筑十书》。该书提供了有关如何寻找水源的建议，并利用了希腊有关水文循环的理论来推测水源是冷泉或是温泉。他还记录了当时出现的一些工程知识，正是利用这些知识，人们发明了水钟和虹吸管以及水车和阿基米德螺旋抽水机，用于从矿井中抽水。

在维特鲁威的作品的基础之上，古罗马政治家塞克图斯·尤利乌斯·弗仑提努斯（约40—103年）的著作《论水道》就罗马的引水渠向皇帝作了汇报，对供水系统做了详尽的描述，包括水源以及每条水渠的尺寸及其排放速率。该书还清晰地确立了与该系统使用和维护相关的法律，并指出了当地农民和商人有可能非法进入该系统的趋势。罗马法律的发展为更多关于水资源所有权和私有化的个人观念奠定了极为重要的基础。

向城市供水的能力具有十分广泛的影响，尤其是使大都市成为了可能。与此相比，排污能力也同样重要。罗马有"大下水道"，随后人们用其名字来命名与该词同源的动物排泄口。大下水道的建造旨在排干沼泽和清除

修复后的古罗马引水渠，画家迈克尔·泽诺·迪默（1867—1939年）的作品

污水，同时也提高了生活质量，因此罗马时期居住在哈利卡尔那索斯城的古希腊历史学家狄奥尼休斯在其公元前1世纪的作品中提出如下建议：

> 罗马最杰出的三项工程最能彰显帝国的伟大，它们分别是引水渠、铺面道路和下水道……水通过引水渠流入城市，水量可媲美经过城市和下水道的真正的河流。

罗马的用水者还重视水质和不同水源的特殊性质，并且反对将不同来源的水混合在一起。引水渠的各个渠道之间应尽可能地分开，古罗马作家老普林尼说，为罗马特雷维喷泉供水的维尔戈水道"拒绝与附近赫拉克利斯专用的溪流混在一起，因此以'处女座'为其命名"。显然，即使在那时，关于洁净和污染的想法也是很有意义的。生活在大约公元 490 年至 585 年之间的罗马参议员卡西奥多罗斯观察到，"世界上最纯净、最令人愉悦的溪流缓缓流淌过维尔戈水道，之所以这样命名，是因为它从未被玷污"。

引水渠和地下水渠效率相当高，因此古典时代罗马享有的人均可用水量比许多现代城市还要高。水被储存在高位水箱中，并通过管道网络与各出水口相连。富裕的家庭拥有室内水暖设施。此外还有许多设计精巧的喷泉，提供公共和私人饮用水，以彰显水的力量，炫耀罗马的财富和威望。

像中东地区居住在宫殿中的古代君主一样，富有的罗马人通过私有的富丽堂皇的水井和喷泉，并通过家中奢华的用水方式来彰显其精英地位，从而从物质层面提醒人们水作为财富与权力之源所具有的象征意义和实际意义。水和权力之间的关系日益凸显，原因在于引导水流的能力不仅使大规模的农业生产成为可能，而且可以使拥有先进技术的社会创造出新的生产形式。

温带地区，水道无数，一旦得到释放，水的力量便开始蓄势待发。这种力量使机械代替人类和动物的肌肉成为可能，从根本上改变人们对水、工作和自然的思考方式。这也使征服者可以利用技术和军事力量控制人口，并将新的生产方式引入殖民社会。例如，随着罗马人对英国的凯尔特人部落进行早期殖民和奴役，日耳曼人入侵征服了土著人，这在一定程度上得益于水车和水磨坊数量剧增所带来的经济扩张。《末日审判书》（1086 年）中记录了英格兰有 6000 多家这种用于碾磨面粉、造纸、织布的水磨坊。

随着炼铁等工业生产形式越来越多，水力的利用很快成为增长的主要动力，人类与水和周边环境的互动也更加趋向功利主义。从那时起，这种趋势就一直持续着。在这种趋势下，农业生产的机械化程度越来越高，对从事农业生产的工人的需求越来越少；而工业与工厂发展迅速，使人们离开了农村生活而移居城市。

意大利蒂沃利市哈德良庄园中的坎诺帕斯水池，大约建于公元130年

　　生产力的提高和人口的增长相结合不可避免地会带来压力，需要扩展新的空间，更多的专项产品例如矿物或棉花，也需要更广泛的贸易关系。纳森特认为，区域、君主制度和宗教的融合，从商业和霸权层面上，以探索性的方式向外扩展到规模较小、实力较弱的社会如自给自足的农民、牧民和狩猎采集者所居住的土地，寻找资源和可以定居的土地。在这些尝试中，水、跨越海洋以及沿水路航行的能力起着决定性作用。

水路相连

公元前 500 年至 200 年间，阿拉伯商人航行至印度西部的马拉巴尔海岸，中国商人到达了越南北部。马来和印度尼西亚航船将货物运到孟加拉湾，从印度与罗马之间的贸易增长中获利。在公元 1000 年末期的几个世纪里，北欧海盗在寒冷的北部海域用长船展开突袭。

在气候更加温暖的地方，欧洲对亚洲香料的渴望使马六甲海峡和爪哇海南部成为重要的财富中心。许多奢侈品通过商队经由陆路长途跋涉运输，随着贸易量的增加，海上和内河路线变得越来越重要。印度洋商品经由红海的穆哈和亚丁港口输入欧洲和小亚细亚，公元 1000 年间，中国的唐宋王朝鼓励与欧洲和新兴的穆斯林社会开展贸易。

法国第戎附近丰特奈修道院内重建的水车

藤原敏行题诗的浮世绘木版画，画面描绘了帆船在须美海滨附近游弋的画面，葛饰北斋绘于约1835年

对通达的港口和向港口运输货物的路线的需求，赋予了河流新的重要性，尤其是河口。例如，湄公河下游三角洲发展成为主要的贸易中心，世界各地的河口地区也从此开始成为主要城市聚集区。

当然，海上贸易不只是货物的交换，人文和思想也沿着贸易和军事路线进行交流。中国与印度、中东和欧洲之间便开展过重要的文化对话，使伊斯兰教得以传播。海上贸易使穆斯林来到爪哇和苏门答腊聚居，约13世纪时在当地建立了第一个穆斯林国家。到16世纪，马来半岛上出现了苏丹国，波斯、印度、伊拉克、叙利亚和埃及等地也出现了伊斯兰帝国。伊斯兰信仰漂洋过海地流动传播，一直持续到1511年葡萄牙人征服马六甲，在此地强行推行基督教信仰。

基督教始于黎凡特地区，在北非和欧洲迅速传播。继1418年葡萄牙人沿着大西洋海岸进行远洋航行以及 1498 年葡萄牙航海家瓦斯科·达·伽马成功远征印度之后，这种新宗教在接下来的两个世纪中传播到了世界上最远的角落。远征具有宗教、政治和经济上的多重目的，航海竞争日益激烈，葡萄牙、西班牙、法国、英国和荷兰的海军争相控制海洋和它们所连接的新大陆。

海军指挥官环大陆板块航行，报告大陆地形、港口以及可以收集到的大陆海岸线、动植物以及人类居住者的信息。一旦登陆，探险者便会沿着主要的河流系统，一路向前进入大陆内部，以报告陆地资源并评估其贸易和殖民的前景。

海景

大型农业社会的殖民扩张引发了与海洋之间的另一种关系。以前，基督徒主要定居在陆地上，他们秉持着海洋既危险又混乱的看法："特土良，一位 3 世纪时期的教会神父认为水对魔鬼有很强的吸引力……大海被视为上帝未完成创世的证据，是引起了强烈的排斥感的原始遗迹。"但是在中世纪，情况有所改变。第一个千年末期，欧洲人口迅速增加，虽然在 14 世纪时遭受了严重的瘟疫，人口的持续增长依旧为殖民扩张提供了充足动力。早期的科学思维之所以重要，是因为它认为水是一种物质，也引导人们用新的方式来理解洋流、潮汐和风。有了新型航海图绘制方法和有创造力的导航技术，麦哲伦在 1519 年首次实现环球航行。

漂洋过海虽然容易多了，但大海却依然是阻挡外敌入侵的屏障。如托马斯·丘吉尔在《子爵纳尔逊生平》（1808 年）一书的开头所宣称，海洋"不仅是世界偏远地区之间进行交流的最便捷的媒介，而且是使装备精良

木版画《海蛇》，乌劳斯·马格努斯《北欧人民史》（1555年）

的敌人恼怒的手段，同时也是最安全的保护方式"。

即使配备了更坚固的船只，并对航海有了新的认识，海上航行仍然充满着危险和不确定性。海上有暴风雨不停地侵袭。黑暗深幽的海下潜藏的恶意也让人们一直恐惧。水手们想象怪物会从深海中出来将他们吞噬。航海日志里有许多关于看见大海蛇的描述，海图中也经常描绘这种生物。

直到1798年，此类内容仍然很流行。当时，受早期航海旅行故事的启发，英国诗人塞缪尔·泰勒·柯勒律治发表诗歌《古舟子咏》，将古代迷信思想、超自然事件和基督救世思想奇妙地融合在一起。这首诗传达了对狂风暴雨"暴虐而强大"，以及"冰无处不在"的冰封之感的恐惧，它还突出了原始咸水与甘甜淡水之间的对比，其中几句著名诗句概括了口渴的概念：

《现在暴风雨已来临》，威廉·斯特朗为塞缪尔·泰勒·柯勒律治 1896 年的作品《古舟子咏》绘制的插图

水，水，到处都是水，

但船板仍干得皱缩。

水，水，到处都是水，

却没有一滴可以喝。

这种由渴引发的极大痛苦也使人们恐惧残酷海洋中的死亡威胁，并厌恶"黏腻的海洋上……黏腻的事物"。

仅仅60年后，美国小说家赫尔曼·梅尔维尔的经典著作《白鲸记》出版，以不同的视角描述了海洋和海洋生物，内心深处的潜在恐惧仍然存在。小

夸夸嘉夸族的鲸鱼面具，加拿大不列颠哥伦比亚省，19世纪

说中的亚哈船长向毁了他的船，又咬掉他的腿的白鲸复仇。对他来说，鲸鱼邪恶且怀有恶毒之心，尽管有一位船员试图说服他："'莫比·迪克'并没有找你。是你，是你，在疯狂地寻找它。"从这个意义上说，白鲸既代表潜意识的黑暗内在冲动，又代表深层的外在恐怖。在以捕鲸和捕鱼为主要产业的时代，这部小说也反映出了人类控制海洋的能力日益强大。

　　捕鲸并不是什么新鲜事，即使在史前时期，沿海地带的狩猎采集者，

版画《利维坦的毁灭》，古斯塔夫·多雷于 1865 年创作

如阿伊努人、因纽特人、美洲原住民和巴斯克人等乘小船出海捕猎领航鲸、白鲸和独角鲸，将它们驱赶到海滩上，或使用带有浮锚的鱼叉使它们精疲力尽。古老的岩画显示了大型的鲸鱼如抹香鲸、座头鲸和太平洋露脊鲸被渔船团团围住的画面。在毛利人的传统中，鲸鱼同样也起到重要的作用，如最近的《鲸骑士》故事中所述，鲸鱼（毛利人宇宙学说中重要的水下生物之一）似乎是部落的守护神。尽管前工业社会已经意识到这类生物的危险性，例如原始的彩虹蛇，它们仍被视为拥有大量善意力量的图腾生物，在艺术和表演中受到赞誉。

图腾价值和作为经济资源加以利用虽然在小型经济体中可以兼容，但这种在人类与水生生物之间建立的完全不同的关系受到了商业捕鲸和捕鱼行业的威胁，现代商业捕鲸业并非将鲸鱼当作偶然所得的盛宴，而是将其作为工业原材料（鲸蜡和石油）的来源。在欧洲，海洋探索规模不断加大，16世纪各种形式的捕鲸也更加密集。尽管因纽特人反对，但巴斯克人还是在拉布拉多、纽芬兰和冰岛上建立了捕鲸站。北极渔业中的捕鲸和捕鱼业一直不断发展，竞争力也不断增强，一直到17世纪，当时捕鲸业主要由英国、荷兰和（太平洋地区）日本船只主导，他们大规模的捕鲸活动一直持续到第一次世界大战。

并入水流

无论是从隐喻，还是字面意义来看，捕鲸都是大型工业化社会征服海洋力量的例证。随着各国争夺海上航线、渔业和通往"新世界"的人口的控制权和支配地位，16和17世纪海军力量起到了关键性作用。这些早期航海探索中绘制的海图是严格保护的机密，收集到的有关洋流、海岸线以及世界各地海洋、风和天气的不同特征的详细信息也是如此。这些知识就是强大的力量，为社会提供了竞争优势，并将深处的、无限的未知事物改造为可知可控的水景。

不断扩张的社会的涌入，也将人们与水截然不同的关系带入了文化景观之中。较小型的社会保持其较低的强度和更加协作的方式与其所处的物质环境相处。在非洲、美洲、澳大利亚、太平洋和较冷的北部地区，狩猎采集者部落、驯牛部落、驯鹿牧民和自给自足的农民感受到了海上突袭的影响。这些海上突袭的目的是探索和贸易，或者当主要的军事力量悬殊时，直接殖民。

就像早期入侵欧洲一样，后者带来了新的生产技术。土著人不再被简单地消灭，而是被塞入保护区内，在传教士的要求下学习园艺，或被迫为移民者清理土地，或建立农牧企业。随着殖民地定居点向河流上游扩散到各大洲，长期聚集在河口湿地周围的土著群体被迫一步一步地撤退到内陆深处的原始森林，或进入环境恶劣的边缘沙漠地区，而原本提供多种不同可利用的资源的沿海沼泽地被抽干，以建立新的农田。

通过这种方式，人类与淡水之间更具引导性的契约关系通过咸水到达了每个大陆，并入土著居民的水世界中。在温带气候下发展起来的灌溉和耕作方法被输出到干旱地区，例如，加利福尼亚和澳大利亚。在任何新的殖民环境中，最佳地盘必然是淡水湖泊和河流，这是财富和权力的来源。对这些地方的占领使殖民政府能够将自己的想法强加给土著群体，无论他们是否愿意，都必须臣服于王冠之下。

除了要求他们采用新的经济方式外，这种征服还要求土著人被"教化"，以宗教和世俗的方式理解和评价世界。在殖民帝国的教会和学校中，人们长期信奉的自然宗教，赞许具有感知能力的祖先景观，颂扬树木和河流皆有灵魂栖居的多神崇拜观念，被视为原始迷信思想，被父权制和一神教信仰以及对北半球新兴的科学认知所取代。因此，关于人类正当统治的特定信念即关于进步、增长和发展的观念以及关于"使自然多产"的工具性价值观，都迈出了走向全球化的第一步。

第六章　工业的力量

国家诉求

建立民族国家和帝国必不可少的凝聚力量和政府机制与水力发展密切相关。这方面的例子不胜枚举：在中国，在大禹治水建立王朝之后，帝国扩张依靠灌溉系统以使农业集约化，并依靠运河系统将谷物运往都城。但是，这种维持王权的方式也意味着需要维护要求越来越高的基础设施。

正如之前的美索不达米亚的灌溉设施一样，中国工程师发现这种系统既费时又费力。运河塌陷淤塞、土地被侵蚀变得盐碱化。在集约化和社会冲突的压力之下，分配制度被打破，水流量也不再能够满足日益增长的需求。灌溉对生态系统造成影响，使其他（通常存在已久）的资源利用形式也受到影响，例如捕鱼、收获湿地资源或海洋生物。随着灌溉系统的失败，

北京故宫的金水河

政治权力也土崩瓦解。在中国，"直到皇权统治后期（约1500年）水利系统的崩溃，控制系统的修复以及随之而来的水利系统再度崩溃，共同形成了一个越来越有规律性的循环"。

    类似的情况也发生在其他地方。例如，在14世纪的孟加拉，艾哈迈德·卡迈勒描述了莫卧儿王朝苏丹国家如何依靠开展大量灌溉活动来获得权力和繁荣。"伊本·巴图塔从锡尔赫特坐船到索纳尔冈，看到河流两岸有果园、水车、繁华的村庄和花园，好像正穿过一座市场一样。"苏丹国家的规划是通过精心策划而成，公共工程部门将资金下发给当地地主，作为他们管理运河和堤岸的回报，还允许他们向农民征税。但是，这种相对稳定的传

《贝拿勒斯：水面上的城市》，罗伯特·海德·科尔布鲁克创作于约1792年，用钢笔和黑墨水创作的淡墨素描和水彩画

统制度，在 1794 年的阿富汗战争爆发后，遭到了破坏并变得摇摇欲坠，然后在英国统治下进一步瓦解，因为英国人的统治主要是为了征税，并未投资维护或改善当地的社会和生态现状。

水利发展对中央集权政府的建立仍然至关重要。在世界上许多地方，中央集权政府正在建立民族国家，并将重点从文化和宗教隶属方面转移到新的民族认同方式上来。这些政府对殖民地的霸权扩张，也为他们与水的联系增加了新的维度。他们开始以越来越大的规模，通过殖民地里用水生产商品的形式从其他地方进口水，由此建立了一种将生产的社会和生态成本外部化的关键模式，以牺牲实力较弱的国家为代价，使强大的国家能够弥补内部不可持续的增长所造成的不足。

城区内部的水流

从中世纪开始，人口密度的增加推动了殖民统治的发展，也推动了城市的迅速扩张。在现代，人口和新兴产业向大城市集聚引发了两个关键问题：如何引进充足的（足够的饮用）水以及如何处理生活垃圾和工业废物。古希腊人和罗马人也遇到过类似的问题，不过规模较小。这两个挑战将对人们与水以及彼此之间的关系产生根本影响。

在此之前，大多数人都从村庄的水井中采集生活用水，这些水井也是聚会和社交的重要联络场所。小型供水系统需要的技术相当简单：水渠、由空心原木或铅制成的水管，还有水车和简单的泵水装置。由于人口和家庭手工业规模相对较小，利用附近水道排放污水和其他废物，虽然不够理想，但足够温和与克制，因为当地生态系统可以轻易地吸收污水。但是整个欧洲城市的扩张给人类和环境健康带来了不同程度的挑战。

城市必然坐落于水源充足的地方。例如，罗马人最初选择朗蒂尼亚姆（伦敦的古名——编者）所在地，是因为这里有两条支流，即弗利特河和瓦尔布鲁克，还有含水的砾石台地和一些天然泉水。如其他欧洲城市一样，它的人口在13世纪翻了一番，可能达到了5万以上。"问题不是缺水，而是城市废物的产生。"

露天的排水沟，俗称阴沟，不仅容纳了家庭中的夜壶污物、垃圾和灰烬，还容纳了家畜的排泄物。一些垃圾被填埋进房屋下的深坑中，但是由于它们进入了含水砾石层，渗滤液

英国多塞特郡的斯托尔布里奇乡村水泵

总会进入水道，"用肮脏的污物阻塞河水"。家庭住宅有石砌的茅坑，但清理起来成本很高，而且经常溢出。沿河而居的人们将茅坑直接排入溪流之中。有毒的工业废料也直接排入水道中，例如制革厂（使用动物粪便鞣制皮革）和屠宰场（产生血腥的"狼藉"）的废水。因此，城市供水变得异常肮脏，所以人们饮用酿造的麦芽酒、啤酒或葡萄酒代替水。

正如人们贬低湿地的价值，并随着农业的发展，越来越将其视为腐烂、不健康的地方一样，中世纪城市不稳定的供水也引发了人们对健康的忧虑，被视为可致病的有毒空气或"瘴气"的来源。1290年，伦敦的一群加尔默罗会成员向国王进谏说，舰队河口中的"腐败的气息"已经造成了多名男修士死亡。尽管通过了无数的法律、采取了严厉的措施来防止垃圾倾倒和污染，伦敦的情况还是恶化了，城市需要从遥远的地方通过水管从泉水中取水，并且在13世纪国王的"大管道"建造之后，又修建了许多新的水渠，从远方取水。

城市水道的污染使水"劣质"、威胁生命的想法复苏了。没有道德原则、不受控制的自然再一次通过人类的作用被强制约束，使之品行良好，在此情况下通过新的水处理方式和更复杂的输水形式来体现。就像引导灌溉一样，这些技术进一步肯定了水是文化产物而非自然产物的观念。

认为水必须"改变性质"并通过人类行为再生的观点产生了进一步的影响，因为它明确体现了所有权观念的转变。灌溉基础设施的建设确立了水可以归地方政权或皇权所有的思想。同样，城市供水的发展需要大量的劳动力、技术和专业知识的投入。

根据罗马人管理沟渠，以及早期的水利社会管理运河的经验，城市水系统也需要复杂的治理形式，确定由谁拥有哪些供应水源，谁可以使用，什么时候使用，以及谁来支付供水费用，又由谁来收取费用。伦敦与其他城市一样，对由谁负责供水和维护基础设施的问题争论不休，这一任务和职责的归属导致了成为市政机构、慈善家和私人投资者之间的一场持续的拉锯战。

以前，居住在教堂富有而强大的修道院附近的居民用水主要来自教堂。这就形成了供水与道德领导之间的重要联系。毕竟，还有什么比生活物质、精神物质和清洁罪恶的象征的分配，更具道德权威性呢？还有什么比因卫生条件不足而陷入混乱，更能象征道德败坏，更值得遭受疾病的惩罚呢？因此，城市供水的所有权和控制权的争夺，不仅关系到政治权力和经济利益，而且关系到道德领导以及教会与国家之间持续的地位争夺。

城市中水的使用也表明了社会分化程度的加剧。富人实际上是在"圈中"，他们房屋的水龙头直接连接自来水供应管道。有些人，虽然不富裕，却有能力支付运水费用。而大多数的穷人，只能从自己的水井和储水管中

伦敦西史密斯菲尔德布艺集市街上的老肉铺，蚀刻版画，1790—1820 年

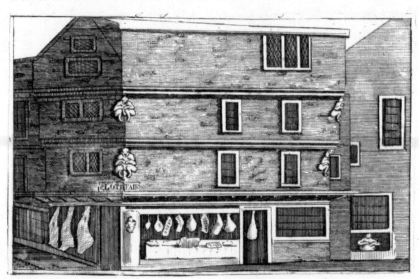

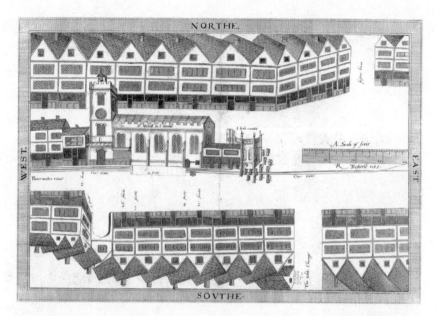

伦敦齐普赛街的国王的管道和旧建筑物，由拉尔夫·特雷斯威尔于 1585 年绘制，这是 19 世纪的复制品

取水，对供水几乎没有什么影响力，除非他们采取手段成为"窃水者"，比如从新的供水管道中暗中抽水。

重塑河流

对水流的控制不仅在城市内部至关重要，对确保城乡之间的水系连通也意义重大。在工业时代之前的欧洲，运河——罗马人首先引入的——作用非常有限。这些运河是通过人工挖掘（为奴隶挖掘）而成的沟渠，用于从泉水和河流引流进行灌溉，或排干湿地，增加耕地面积。

北约克郡的喷泉修道院

虽然制定了大型的灌溉方案，最初的重点仍然是浇灌附近的田地以种植农作物或浇灌水草地（这意味着草生长的季节被延长了，同时也生产出了丰美的牧草）。中世纪和近代早期，大教堂、修道院和城堡的建设，需要运输石材和木材，所以一些河流上开凿出了运河，但这些新的通航河道在几个世纪以来，仍然是驮马和公牛的唯一可被替代的运输通道。

然而，随着工业化的发展，目标不仅仅局限于从当地水道上疏通灌溉的毛细管道，或将较弯的河段取直，而是保证主要水道的畅通无阻，从而使大量货物能够在全国范围内流动。据说，1761年布里奇沃特公爵挖掘的

彼得·佩雷斯·伯尔戴特，随让－雅克·卢梭之后，布里奇沃特运河上的巴顿渡槽景观，约1772—1773年

第一条大运河，将煤炭从他的矿山运往曼彻斯特，推动了工业革命。随后，18世纪70年代至19世纪30年代之间，成为运河的"黄金时代"，在此期间，货物和人员的流动日益便捷。

　　一些水利项目反映出历史上真实的戏剧性变化，例如美国的胡佛水坝、埃及和苏丹的阿斯旺水坝、英国的布里奇沃特公爵运河或中国的大运河。完工后，运河的出现改变了当地甚至其他地区的发展历程。

关键的是，欧洲运河的"黄金时代"恰逢蒸汽机的迅速发展。就像水的流动性为灌溉以及人员和货物的流动提供了渠道，流动的能量使水轮和磨坊运转，水的特殊性质再次发挥了作用：水可转化为蒸汽的能力，为蒸汽机提供了动力。

这强调了水的性质是如何参与人类发展的每个阶段的，它既限制了社会活动，也促进了社会活动。美国历史学家理查德·怀特在写作《重塑哥伦比亚河》时，将河水比作"有机的机器"，认为其是一种能量系统，尽管被人们改造，但仍保留自己的"非人为"的品质并完成与人类相关的工作。如他所述：

> 世界处于运转之中。构造板块在这个旋转的行星上漂移。山峰被抬升隆起，侵入大海。冰川冻融往复。所有自然特征都在运动，但很少像河流一样运动。我们对河流的隐喻都与运动有关：它们奔跑、翻滚、流动……像我们一样，河流在运转。它们吸收并释放能量，它们重新安排世界。

没有水的特殊物理特性，由灌溉或水路运输相关联的多样的文化生活方式就不可能发生，而推动工业发展的蒸汽也是如此。与此同时，蒸汽的力量使这种关系变得更加不平等，它将社会从水的物理束缚中解放了出来。汽船能够逆流而上，对于19世纪的美国人来说，"机器既是他们征服自然的主要动力，又是其象征"，在迈向发展进步的史诗般的斗争中发挥着核心作用。

从水、马力到蒸汽的转变，还导致了曾经起到重要作用的运河系统的衰落，并被迅速发展的铁路所取代，因为铁路建设速度更快，维护更容易，且比运河更加灵活。

蒸汽轮船进一步缩短了两地之间的距离，1869 年苏伊士运河建成，使海洋运输变得更快、更强。国际贸易和交流达到一个全新的水平。

从本质上讲，由水促成的所有发展都增加了世界的流动性，使得商品和人员能够在大洲间，甚至跨越大洲进行快速流动。此前自足的文化环境，虽然经常因殖民主义的干预而发生了根本性的改变，但也变得更具有渗透性，对人、物质文化和思想的交流更加开放。至少对于富裕的上层人士来说，在不同的文化背景中流动，并进行更广泛的跨文化对话已成为可能。

制造水

一场关键的全球性对话围绕科学展开。几个世纪以来，虽然学者们一直在交换思想，随着世界范围内流动性激增，交流日趋频繁，相应地产生了相对来讲更大、更连贯的信息流。古希腊人播撒的对元素进行科学分析的种子在 18 世纪结出果实，并在下个世纪塑造了人们思考物质的方式，结合更加强大的改造整个世界的技术能力，从而形成了可从根本上进行管理的水与生态之间的关系。最终，人们提取出精神的力量并赋予万物生机，通过宗教形式历经万千变化而持续存在，最终被提取出来，神也变得无关紧要了。罗马天主教神父伊万·伊里奇将科学的生态学视野描述为"自然之死"：

> 随着科学革命……机械模型开始主导思维。作为人类意志的对象，自然已转变为死亡的物质。我认为，自然之死，是人类对宇宙的看法发生根本性变化所产生的最深远影响。

1869年，苏伊士运河首次通航的场面

    技术管理的世界观对人类引导事件的能力自视甚高，提倡可以按照人类的意愿对任何事物如水路、景观、农场和城市以及人类和动植物进行解构和重建的观念。尽管许多宗教信仰反对科学唯物主义，捍卫他们对水和精神存在的看法，但这些思想却日趋边缘化。科学在公共话语中占据了主导地位，到19世纪后期，水在欧洲无论是从精神上还是从身体上都已被

《泰晤士神父向他的后代介绍美丽的伦敦城》，来自1858年7月3日出版的漫画杂志《笨拙》

底驯化。在伦敦，由于1858年"大恶臭"对空气造成严重污染，水利工程的进步与维多利亚时代的慈善事业和投资相结合，使新的水的基础水设施进入全盛时期，全面宣告了人类能动性的胜利。

大型水库的建造以及装饰精美的泵站，无不彰显了城市强大的供水力量和状况充满压力的自来水总管道、通向住宅的毛细管道和砖砌的巨大

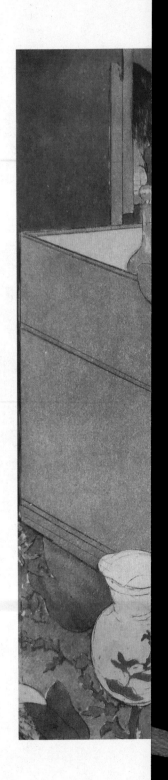

地下排水道，终于解决了城市供水与卫生的棘手问题。现在，所有城市居民都可以享受只要在家拧开水龙头便可使用自来水的豪华待遇。意识到这些权限背后的科学技术的基础之后，所有人都可以将这种流动视为人类能动性的产物。

地位差异

属于城市的四海一家的社会环境，与由血缘、地缘和历史联系在一起的长期存在的乡村社区有很大不同。过着流动的城市生活，人们很难建立与他人共享领地和物质的想法。在成千上万陌生人的包围之中，人们变得更加在意越界的身体气味和物质。人们对潜在的污染和自我入侵（通常拥有强大的心理）的担忧开始浮现，并出现更多需要遏制和防御个人的观念、实现"地位差异"变得越来越重要。

与细菌和水传播疾病有关的新的科学知识进一步加剧了这些担忧，它鼓励人们注重卫生与自我清洁并打扫房屋。人人享有充分的卫生设施，已成为文明的象征，因此，居家环境中有稳定的水流，对于维持个人和家庭的完整性，防御他者以其他形式入侵至关重要。法国

历史学家让-皮埃尔·古
伯特指出，"维多利亚
女王 1837 年登基时，整
个白金汉宫连个卫生间
都没有。"但到了 1882
年，埃德利·贝利·丹
顿已经可以宣称：

> 如今，人
> 们普遍承认，
> 没有卫生间的
> 住宅是不完整
> 的，其不应该
> 仅限于富人的
> 豪宅，而是我
> 们所有阶层的
> 人都应该……
> 享受热水和冷

玛丽·卡萨特，《沐浴的女子》，1890—1891 年

127

水浴带来的舒适、清洁和健康。

但是，这意味着水与地位之间的联系没有松动。拥有豪华的浴室和盥洗设施，经常使用它们，尤其是使用更多的水，已成为与财富和社会成就密不可分的直接象征。

洗涤在各个方面都变得愈发重要，对女性而言尤其如此。裸体女性沐浴的画面，一直受到当时画家的喜爱，继续将女性与颠覆性的"非理性"自然融为一体。在 19 世纪后期，出现了一种女性"卫生"的新形象，代表着一种水和肉体都被安全、亲密地驯服的理想。这种理想有助于掩盖公共自来水引发焦虑的事实，因为自来水掺杂着化学物质，由于与其他物质的接触（并可能带有痕迹），而进一步使人们的健康与安全受到损害：

> 城市水与裸体缠绕在一起构成的禁忌之线交织起来，保护公共水的象征意义不受质疑……我们不能随意质疑水本身的自然美，因为我们知道，但也不得不承认，这种"东西"是回收处理的马桶水。

治愈之水

新兴的卫生、身体完整性以及对内外本质的文化控制观念，都对健康和水的理念产生了重大影响。健康观念（以多种文化形式）取决于有序流动的生理、情感和精神过程，这些过程以有序的方式流动，保持适当的平衡，不受物质、智力或道德污染的干扰。

透过更加科学的视角，这些观点就像外部生态系统一样，在形式上变得更加机械化，从工程和化学层面将身体改造，正如水和营养物质通过一系列泵、阀门和管道流动而实现的结构，物质和过程。这种唯物主义秩序观认为可以通过吸收正确的东西来实现内在的健康，从而引发人们对物质提纯的兴趣，并密切关注食物和水的健康成分。

因此，圣井和清亮的泉水，经过多重社会和宗教转变，以水的精神力量供养了道德和身体健康，并转变成了温泉疗养地，水中的矿物质和化学成分被认为是主要的健康成分。饮水之人被告知水中的各种矿物成分以及这些矿物质将如何改善健康的确切信息。

社会地位差异通过获取富含健康物质的水得以实现。在18世纪至19

捷克城市卡罗维（卡尔斯巴德）的泉水

世纪的欧洲，上层阶级对取水有着极大的热情。坐落于优美花园中伴有喷泉和音乐、提供饮用矿泉水和医疗浴的温泉疗养地，成为重要的社交聚会场所。从早期希腊和罗马人对这种做法的热情中汲取灵感，温泉疗养学会涌现，还举行过"浴疗学大会"。随着世界各地的旅行者带来古老的美洲原住民和斯堪的纳维亚传统的传说，桑拿以及其他水疗法也流行起来。

用盐清洁也流行一时。历史上，盐的永恒品质在多种文化背景下都被赋予了宗教和医学上的重要性：希腊人和阿拉伯人都用它来招待客人，罗马人用它来肯定友谊并获得智慧，维京人用它来给在战斗中牺牲的酋长防腐，早期的基督徒也用它来净化和滋养、阻挡魔鬼和抵御巫术。盐作为阳性物质的悠久历史为健康的新科学思想和矿物质清除体内"错误物质"的功效提供了有用的背景。乌普萨拉的瑞典化学家托尔贝恩·奥洛夫·贝里曼对泻盐进行了科学研究，泻盐因具有通便（有人说是洗涤罪恶）的功能而广受欢迎。19世纪，食盐水被用于抵抗霍乱，有关在盐水中沐浴的益处的一系列新思路开始迸发，出现了无数的海滨健康疗养胜地，配备了最合适的沐浴设备，使女性可以端庄体面地进入大海。就像矿泉疗养中心一样，它们使人们能够通过水，实现新的社会融合。

因此，聚集在水周围或浸入水中，成为人与人之间建立联系的重要新方法，因此水域重新被定义为休闲场所。河流也成为欧洲新休闲方式的重点关注对象，修复了人与河流间的关系：

> 在近代早期，河流被认为具有危险性……儿童被警告远离河流和险流……16世纪的验尸官记录表明，多达53%的意外死亡由溺水造成。

在被工程项目驯服之前，河流被视为不受控制的流体空间，缺乏社会控制。但是河流很早（也许正因如此）便成为"休闲"所关注的焦点。"休闲"这一概念出现于14世纪，寓意自由时光。1496年，据称由朱莉安娜·伯纳斯夫人撰写的《钓鱼论》出版。1653年出版的艾萨克·沃尔顿的著作《垂钓大全》被视为有史以来最重要的英语书籍之一，重印次数仅次于《圣经》和《公祷书》。

随着河岸地区的发展，河浴变得越来越安全，越来越流行，关于健康、身体和娱乐的新观念也出现了。游泳被视为有益健康的活动，凸显了"娱乐（再创造）"的内在含义，"再创造"概念建立在关于自我更新或重塑的观念上。这与关于身材以及如何通过健康和休闲来保持身材的想法无缝衔接。因此，根据《游泳好手》（1658年）一书，无论是人体还是大自然都可以被有目的地控制，并将水纳入人体工程学、自我身体和广泛的物质系统之中。

第七章　乌托邦工程

喷泉之下

水一直是人们沉思和情感投入的对象，水技术的每一次发展都伴随着新的艺术表现形式的出现，以赞颂水的美。早在公元前 2000 年左右，古代苏美尔人就开始用雕刻的石盆来收集水；装饰喷泉体现了引水渠发展达到的第一个顶峰；公元前 600 年，雅典以名为因尼克鲁诺斯的喷泉为中心，通过 9 个喷头向当地民众提供饮用水。

但是，我们所使用的"fountain"（喷泉）一词，正是源于罗马语中的"fontis/fontem"（春天），把水作为生命和社会联系的物质的中心主题在"洗礼池（fonts）"中得到贯彻，用它为加入宗教教会的新人洗礼。塞克斯图斯·尤利乌斯·弗朗提努斯时代的古罗马，通过水渠为 39 个巨大的喷泉和近 600 个公共水池供水，富裕的罗马家庭和皇家庭院中拥有无数的私人喷泉。尽管在关于希腊喷泉的画面中，水通常从动物的嘴里流出，但罗马人更喜欢使用人像来提供这种珍贵的物质，以此强调他们对人类控水的思想更加自信。

在中世纪和近代早期，喷泉与天堂的概念紧密相联，天堂一词本身源自波斯语 pairi-daeza，意为"封闭空间"，指的是 7 世纪时期的伊斯兰围墙花园。在这些花园中，天堂的四条河流（用四条水道表示）从代表了《古兰经》中的水源——清快泉的中央喷泉中流出。

在清真寺旁建造喷泉也成为传统惯例，以便信徒在入寺前可以通过净化仪式使自身洁净。辽阔的奥斯曼帝国进一步加速了这种习俗的传播，苏莱曼一世统治期间建造了耶路撒冷圣殿山的喷泉。伊斯兰花园的设计极富影响力，曾经出现在印度莫卧儿帝国的设计中，并与 17 世纪莫卧儿国王沙贾罕皇帝在拉合尔建造的夏利马尔花园相呼应。

公元 3 世纪，罗马喷泉上的马赛克嵌板，水流从海洋之神俄刻阿诺斯的嘴里流出

　　与之类似的水的意象，强调了新兴的一神教之间的思想流动，描绘了伊甸园的特征。泥金装饰手抄本，如《贝里公爵的最美时祷书》（1411—1416 年）描绘了天国花园中的优雅的哥特式喷泉。大型基督教修道院的回廊中，通常会修建一个中央喷泉，上面装饰着赞美圣徒和先知的寓言故事，旨在表示这里是避风港。像早期的伊斯兰喷泉一样，这些喷泉也用于净化仪式，在礼拜前净化身体。

　　中世纪的爱之园，同样颂扬了水更为世俗化的生成能力，并提供了浪漫的封闭空间。如中世纪诗歌《玫瑰传奇》中所述，这些花园里到处都是激情四射的水流，其中的插图描绘了一座位于花园中心的喷泉以及水流从花园中心向外涌出的场景。

　　不论是从帝国、宗教或世俗意义上来说，喷泉都体现出人们对水的一致肯定。

　　人们认为水是构成生命、健康和财富的物质，也是力量的来源。那些控制水并供应水的人可以从中看到他们力量的反映。因此，就像 18 世纪罗马水渠重建时额外增加的巴洛克式喷泉一样，特莱维喷泉在教皇的恩典之下，为民众提供了纯净用水。这时，机械技术更加精细，使喷泉样式更

《生命之泉》，莱昂纳多·达蒂作品，微型画，选自《天体》，约 1450—1465 年

巴基斯坦夏利马尔花园邮票

加精致繁复。统治者们热衷于借助强力的喷射艺术品来炫耀自己至高无上的权力。例如，17世纪晚期，路易十四在凡尔赛建造喷泉，就是为了体现旧制度在文明和自然方面的权威。

强力的水流喷射，一直是国家认同感最有力的表达。没有引人瞩目的中心水景的首都城市，称不上完整，就像世界各国争相建造更高的摩天大楼一样，拥有规模最大的喷水设施也是创造财富与力量的能力的终极象征。坐落于日内瓦湖畔，喷射高度达140米高的大喷泉（建于1951年）曾一度获此殊荣，但随后被法赫德国王，在沙特阿拉伯吉达市建造的喷泉超越，后者能够向空中喷射高达260米的水柱。

自18世纪以来，城市之间的竞争与国家统治者的愿望相呼应。市政府官员们建造了大量的拥有精致喷泉的大型公园，包括会随着响亮的古典音乐作品的节奏及时喷水的音乐喷泉。

对水的力量的赞颂在建筑和景观设计中表露无遗，在其他的艺术形式中也有体现。巴洛克音乐作曲家亨德尔为乔治一世谱写了《水上音乐》，

中世纪法国诗歌《玫瑰传奇》中的插图，创作于 14 世纪

并于 1717 年在泰晤士河上的一艘游艇上首次为他演奏。近代，出现了法国作曲家莫里斯·拉威尔于 1901 年创作的《水之嬉戏》（喷泉 / 水上运动）、克劳德·德彪西 1905 年创作的《大海》和《水中倒影》。而诗歌对水的美赞颂已久：

> 谁不经常在海边度过漫长时间，
>
> 当海在他的脚下舒展，不起伏也不律动，
>
> 出神地注视着这神奇的画面，
>
> 阳光下的微笑映在蓝色的镜子上。

这般崇敬也贯穿于视觉艺术中，赞扬水的性质，探索水的美并阐明其蕴含的意义。

随着工业化社会民主程度和富裕程度的提高，富人们纷纷效仿领导人的做法，用邸园、湖泊和喷泉来装点他们的庄园。自 18 世纪以来，社会名流彰显上流社会身份的方式，是通过拥有精心布置的邸园中庞大的湖泊水体，并建造装饰美妙的泉水和洞穴，让人们能够从视觉上时常联想起古典人物及其拥有的力量。

就像意大利文艺复兴时期的园林给予他们灵感（与中世纪天堂花园遥相呼应）一样，这些彰显贵族气派的景观常常蕴含着通往源头或喷泉的精

凡尔赛官的喷泉

神之旅的理念。

英国威尔特郡的斯托海德花园便是一个典型例子，这是一座在亨利·霍尔爵士委托下建造的花园，花园的小径带领游人穿越阿卡迪亚森林，穿过庙宇，到达一处由河神守护的地下洞穴。这处凝灰岩洞穴就是斯陶尔河的源头。一位古典仙女斜倚在清池之畔，有诗云：

> 洞中的仙女，我守护着这些圣泉，
> 伴着潺潺流水入睡。
> 啊，趁着我的酣眠，轻轻地踏着山洞，

布达佩斯的音乐喷泉

《睡莲》，克劳德·莫奈创作于 1908 年

无声地啜饮，或安静地沐浴。

水资源开发

人们不仅运用欢乐的喷泉从艺术角度赞颂水的美学品质和生成性力量，也充分利用了水推动经济引擎转动的能力。蒸汽机使生产摆脱了对水道的直接依赖。19世纪初，工业革命飞速发展，带动了全球生产活动的发展。

英国威尔特郡的斯托海德

　　20世纪破晓而来，一些人对此充满了信心并持乐观态度，但另一些人却将其视为破坏和混乱。如今，工业化社会让我们不仅能轻松地前往世界的最远端，而且能开展以水为重要原材料的宏伟社会和材料工程项目。强大的发展观念已经根深蒂固。进化思想将人类置于一条道路上，工业化本身以及遵循与工业化配套的各种社会和政治手段被视为"进步"的顶峰。这一推论是对整个世界及其生态系统将由"智慧人类"来调控的一种期待。

　　重大的社会变革总是反映在水中。20世纪开展的水利工程项目确切地阐明了社会和生态关系决定着事件发展的思想。在欧洲国家的殖民地中，人们要求环境更加服从人类发展的需要，从而印证了爱德华·萨义德对帝国主义的定义，即"一种地理上的暴力行为，通过这种行为，世界上几乎

波茨坦号远洋轮船，约 1852 年

每一个空间都被探索、绘制成图，并最终被施加控制"。

　　水道因此被转变为"帝国之水"，并被期望与历史上形成的水文流动思想相吻合。在温带地区，人们通常认为干旱低等且不文明。把干旱与道德低劣联系起来的观念对殖民地的发展产生了极大的影响。例如，在美国西部地区和澳大利亚，移民驱离了原住民，并开始尝试绿化沙漠。

　　这些做法是出于人们对供水充足的乌托邦的憧憬。在乌托邦中，水、自然和人都被加以控制，并投入到生产性活动中。以澳大利亚为例，这些想法通过水的管理方式得以体现，这些方式与原住民 6 万年来对水的精细管理方式不同，它们具有彻底的指导性。钻孔刺穿了大自流盆地，就像针插在针垫上一样，其数量增长如此之快，导致水平面下降，需要挖掘更深的井才能找到水。农场水坝像麻子一样分布在地面上，用来为牛群储备旱季用水。随着技术力量的增强，人们开展大规模的工程项目，在河流上筑起水坝，并启动了重大的灌溉方案。

正如原住民在宗教信仰上的转变一样，这些都是传教士的功劳。因此，澳大利亚记者欧内斯汀·希尔在对澳大利亚早期灌溉的报道（恰当地命名为《水化为金：驯服强大的墨累河》）中，描述了一项道德宣传攻势：

> 灌溉科学使整个大陆发生改变。奇迹……干旱侵袭的墨累河谷已通过实例，启发了大规模的、全国性的水资源保存、保护和分配计划，改变着澳大利亚如今的面貌。
>
> 现在，澳大利亚原本无形的、无边无际的水域正在被发现、被恢复……广阔的自流盆地，消失的"寂静"的河流与湖泊，流失于海洋与沙滩上席卷的洪水，都可以被保留，为我们展现一个新的澳大利亚。

希尔通过运用"灌溉的使徒""墨累的乌托邦"和"天灾"等章节标题明确传达了一个信息：即使澳大利亚拒绝为城市发展提供充足可靠的水，工程和科学方面热心积极的专业人士也会说服它这样做。就像中世纪的屠蛇者一样，水利工程师被塑造成文明的英雄，其职责是征服地表蜿蜒曲折的大河，而且，就像古代的屠龙者一样，这些形象通常是男性，从而将水的管理和控制牢牢地掌握在男性手中。

关于水坝的想法

或许没有哪项人类发明能像水坝那样，可以如此充分地表达对物质世

界的控制权，阻止生命物质的流动，引导其为人类服务，除此之外还有什么能够更加清晰地表达控制的含义？更确切地说，认为社会有权这样做，就体现了人类与环境关系方面的意识形态构想，与早期人类与其他物种和物质环境的合作形成鲜明对比。例如，杰米·林顿指出，尽管罗马人建造了宏伟的水坝和水渠，但他们对阻碍水的流动持谨慎态度：

胡佛水坝

　　水渠的水从罗马的喷泉和浴池中自由地流过，穿过城市的
街道，进入台伯河。没有水龙头，也没有阻止水流的技术手段。
这不仅仅是因为没能发明阀门，而是出于对水的尊重，要求人们
允许水流动并将其作为"恰当使用水的必要条件"。

　　罗马法律主动禁止对水渠中的水进行围堵，并规定：水只有在流动的
时候才能使用。罗马人毫无掩饰地为自己的成就感到自豪，古罗马政治家
弗朗提努斯曾经夸耀，"这样一排必不可少的建筑，承载着这么多的水，
如果你愿意，可以比较一下闲置的金字塔或希腊人有名却无用的作品！"
但是，与同一时期的其他社会一样，罗马人认为这个世界及其赋予生命的
力量能够以相对平等的方式与人类共存。

　　20 世纪早期的灌溉者却并非如此，他们毫不怀疑自己有权建造大规模
蓄水工程以实现进步目标，也不受限于公认的"原生"景观。许多已经持
续运作了几个世纪的有节制的传统灌溉方案，被更为彻底的指导性安排所
取代。

愿你能在灌溉沟渠之下耕作

　　马蒂亚斯·塔格举例说明了在坦桑尼亚，乞力马扎罗山的山坡长期以
来是如何为本应遭受干旱的地区提供"绿洲"之水，并通过重力补给摩方
戈运河，为查加小农的农业和农林复合经营提供水源支持的。在部落首领
的管理以及在宇宙信仰和仪式的影响下，人们将灌溉沟渠的修建与雨水联
系起来，这种集中但有节制的系统为稳定的自给自足式耕作创造了条件，
培育并生产出各种各样的作物："宅园的土地上可能生长着 100 多种不同

的有用植物，其中香蕉、咖啡、豆类和根茎类作物最为重要。"

但是，这样的系统只能在一定水平上得以维持，并且容易受到人口增长压力的影响。人口扩张会造成农场分裂，并导致人口向外迁移，从而影响群体的社会稳定。精细的本土知识和信仰是传统水管理方式的基石，被外来的宇宙思想所吸纳。随着学校入学率的提高和对基督教的皈依，人们不再坚持遵守围绕灌溉工程展开的运河仪式和神秘观念。

20世纪30年代，由于其他群体争夺乞力马扎罗山上的水，导致查加人及其摩方戈灌溉工程被搁置一旁。人们制定了水力发电开发计划和工业规模的大型灌溉工程计划，目的是生产可以交易的单一作物，而不是为了自给自足。在20世纪后期，人们引进强制性的水许可证措施，"以限制浪费水的行为，并改良'有缺陷的'农民灌溉组织"。

这个例子代表了在世界各地的殖民社会以及随后出现的独立国家中，灌溉和水电与国家建设、政治权力集中化以及国际政治和经济竞争之间的紧密联系。从功利主义的角度看待水和科学语言，对这一过程至关重要，建立起"水坝与发展之间自然而然的联系"。但水的根本含义仍保持着核心地位：掌控水就是掌控力量，生命和生产能力。因此，水坝规模越大，国家就更加强大。

胡佛水坝是首批巨型水力发电站项目之一，建造于美国大萧条时期，坐落于拉斯维加斯附近的科罗拉多河上。大坝高出河面220米，曾为数千人提供了就业机会，也使近200人丧生。它于1999年被专业人士评为20世纪十大建筑成就之一，现在是美国国家历史地标。在1935年的大坝落成典礼上，美国内政部长哈罗德·伊克斯毫不含糊地点明了大坝的作用："人类骄傲地为征服自然而欢呼。"目前，这座水坝为拉斯维加斯供应了90%的水，并为将近2500万人供水、供电。

澳大利亚大雪山水力发电和灌溉计划也曾激发了类似的民族自豪感。

在 1949 年至 1974 年之间，大坝、水库和泵站的修建从根本上改变了这一地区，并在确立澳大利亚文化和经济独立方面发挥了重要作用。

1927 年，中国的国民政府试图通过建立淮河水利委员会来推广现代水利措施，并借此机会恢复部分中央集权。不仅中国重视大型水利项目，苏联和美国也曾在此方面付出诸多努力，这反映了"政府的强大能力……改

新西兰的一座水力发电站

造自然环境，促进农业和工业发展……（并）推动经济增长，从而体现其政治合法性。"

人们曾利用大型公共喷泉来表达民族自豪感，如今也将这种做法复制到当地水文要素中，工业化国家在国家层面上建造的巨型水坝，与各州和各农场的灌溉计划相呼应。人们对各地的水道进行评估，判断其是否适合建造水库，并衡量其提供水电的潜力。人们不断地从功利主义的角度，重新定义水作为生成性和创造性物质的含义，并将水塑造为当前经济增长的驱动力，人们现在意识到经济增长对扩大人口规模、提升全球经济竞争力，至关重要。

娱乐商品

利用水实现增长有几种主要途径。重大灌溉计划有助于扩大农业规模，并占据更广阔的空间面积，从而（通过大量使用化肥、杀虫剂和除草剂）大大提高了耕地利用率。水力发电使制造业显著增长，从而利用更加广泛的资源。由于非工业经济和传统耕作制度被纳入国家灌溉和增长议程中，许多人从中受益。那些生活在富裕的工业化国家，尤其是城市地区的人，可以从世界各地获取资源，可以享有更高水平的物质财富、可支配收入和消费的闲暇时间。

因此，上个世纪中只有少数精英才能拥有的生活方式，如今被大多数人享有。但巨大的差异仍然存在，例如，在印度，通常只有高种姓才能享有清洁用水，而居住在城市贫民窟的人可能根本没有水源供应。但在欧洲，普通家庭早就享有自来水、热水、集中供暖、绿色草坪和长久以来代表社会地位的指标：游泳池、花园池塘，当然还有在家庭层面上体现社会地位

喷泉和水景常常成为家庭花园的焦点

的喷泉。家庭空间中遍布的水文要素，比其他任何发展成果更能充分地体现出工业社会中中产阶级的崛起。

　　除了家庭层面上的奢侈用水以外，工业上利用水获得财富，使全民能够享有旅行和休闲活动。游人的流动开启了信仰、知识和物品的跨文化交流。与家庭中的水文要素一样，旅游业也注重水的美学品质和再生能力。并且轻而易举地借鉴了之前使疗养胜地普及开来的理念，将重点放在水域，沿着海滩、河流和湖泊设置度假胜地。

　　人们的旅游理念不同，有些人喜欢亲近大自然，而有些人更愿意单纯

上图：澳大利亚布里斯班市南岸潟湖
下图：在船上打发时间

享受戏水的奢侈乐趣。

　　"相信我，年轻的朋友，没有什么——绝对没有什么——比得上船上的休闲时光。只是纯粹地打发时间，"他心不在焉地接着说，"船上的——休闲——时光……"

　　随着水上度假胜地成为休闲活动的焦点，大量的水上运动开始流行。

沿河岸垂钓流行已久，由于有机会使用小船的人越来越多，出海钓鱼也开始流行起来。新技术的出现，使人们可以制造出价格低廉的划艇、帆板，甚至是轰鸣的摩托艇，建造出带有滑梯和戏水池的水上乐园，并使潜水和浮潜得到普及。水体的吸引力并没有丧失丝毫，仍然是自我"再创造"或"再生"的地方，现在，由于大兴水坝建设，新建的淡水蓄水池遍布各地，人们可以泛舟、游泳、水边野餐、散步。

就在 17 世纪末期，人类与水在身体方面的互动增多，以竞技游泳为典型代表，人类在这种互动形式中更加主动、更具有主导性。20 世纪晚期进一步见证了人类与自然沉默的交流方式转变为由人类占据主导的水上运动，需要人类对水"施为"而不是与水"共处"。随着利润丰厚的旅游业的发展，水域及其休闲潜力被重新包装为休闲体验的消费品，这往往意味着在较贫穷的国家大量使用水资源。在此过程中，不仅水和土地被商品化，原住民也被视作商品。"天堂"不再是精神花园，而成为豪华的热带风情度假村。

但水仍保持着自身的魅力，新的一波游客中，有些更倾向于互动体验而非消费，希望能避开日益苛求的城市生活，重新修复与大自然的联系。与水的感官互动能够在一定程度上激发富有创造力的情感回应，并给人留下深刻印象。戴维·瑞森对童年经历的回忆就说明了这一点。他的描述如下：

闪闪发光的记忆浮现在森林的水池中……现在，只要稍稍重新集中注意力，我就能闻到水的味道，感受到水面在我脸颊上的微微拉扯。沿着水面上荡漾着的光望去，所有维度都消失不见，只看到树冠上微微抖动的叶子和从叶子背面透过来的闪烁光芒。

这种情感互动已被证明可以大大提高人们对环境的关注。在 20 世纪下半叶中，日益丰富的休闲活动与人们对生态福祉的日益关注之间的关系愈发清晰明了。大多数人涌入城市，从前备受鄙夷的灌木丛、雨林或内陆地区，被重新塑造成原野，复兴了早期浪漫主义对工业化的排斥和不满。

大自然的良好形象，以及公民权利和女权主义活动家所倡导的平等，为环保运动的出现创造了条件，环保运动表达了人类对非人类物种的权利及其赖以生存的生态系统的认同和关切。同时环保运动也免不了要对商品化和消费对社会和生态所造成的影响进行批判。

这些反制运动不过是想促进人与人之间的平等，建立人类与其他生物的平等关系，而不是事事都以人类为中心。信息在全世界范围内的流动使人们能够听到一无所有的人和社会地位低下的人发出的强烈诉求。原住民与环境之间具有可持续性的互动方式，长期以来一直为工业社会中非主流的思想家提供灵感，在国际交流中表达他们的心声。

在 20 世纪下半叶，人们同样无法忽视这样一个现实，即人类对全球水资源的高强度消耗正在对人类本身和生态系统造成越来越令人担忧的影响。这是意料之中的事情，也与水的重要特性相吻合——水能够在系统中有序循环流动，传递营养物质，排出废物，吸收其他物质并维持稳定的体温。人类正在向淡水和咸水施加各种压力，这方面的论述难免冗长而又枯燥。

第八章　水的压力

"具有危险力量的设施"

自胡佛水坝建成以来，人类已在 140 个国家中，世界上 60% 的主要河流上建造了约 4.5 万座大水坝（高度超过 5 层），所建造的水库面积加起来，相当于整个加州。建造这些水坝的目的是提供生活用水、灌溉用水、工业用水、水力发电和洪水调节。对水的利用在人类历史上的每个阶段，都曾对社会繁荣起到关键性作用，在最近的几个世纪中，更是满足了人们对发展的宏大愿望。

但是，最近几十年来，人们越来越关注水坝对社会和生态系统乃至地球本身造成的影响。美国国家航天航空局研究中心的研究结果表明，蓄积在上游的庞大水量（约 10 万亿吨）改变了地球的自转速度和地轴的倾斜度。

众多大型水坝的修建，使 4000 千万到 8000 万农村人口被迫背井离乡，由于人类一直沿水而居，随着许多古代考古和历史遗址被淹没，本土文化知识和习俗也不复存在。这些流离失所的人们往往陷入贫穷，不得不依靠福利救助，甚至栖身于城市的贫民窟中，靠微薄的收入度日，就业也得不到保障。美国社会学家迈克尔·塞尼亚这样描述人口迁移所造成的影响，包括"失地、失业、无家可归、边缘化、食物得不到保障、易受疾病侵袭、失去享有公共资源的机会并与社会脱节"。这也使农村妇女的生活雪上加霜，导致需要更多的劳动力才能维持家庭环境的健康和卫生条件，同时严峻的经济形势，也加剧了两性关系中的不平等状况。

在过去的几十年中，国际社会对大型水坝建设和水流改道计划的反对声越来越强烈，随着保护组织和人权组织的呼声日益高涨，捍卫水道的特定群体，诸如国际河流网络和欧洲河流网络，不断地涌现。作为回应，1997 年世界水坝委员会成立，"以保护受水坝影响的人和环境为宗旨，并确保水坝带来的收益得到更公平的分配"。该委员会没有对更广泛的发展议程提出质疑，而是认为水坝虽然带来了可观的收益，但"在许多情况下，往往需要付出无法接受的不必要的代价以确保这些收益，特别是在社会和环境方面的代价。这些代价由流离失所的人、下游社区、纳税人和自然环境来承担"。虽然许多国家对水坝的利弊不置可否，但有些国家，比如印度、中国、韩国和某些非洲国家，仍然坚持按照这些方法来实现发展进步。

就像在殖民时代一样，主要目的是让桀骜不驯的原住民定居下来、避免饥荒并奠定利润丰厚的收入基础，在这样的背景下，灌溉仍然存在于杰拉多·哈尔斯玛和林登·文森特称之为"仁慈的父系国家"的政治话语中，这些国家应该通过施行正义、公平和平等的新制度来实现社会现代化。

实际上，这种现代化意味着需要将经过几个世纪完善的本土水管理和资源分配方式，转变为集中的管理安排。很多民族志中都记载了传统知识与公共资源管理方式之间微妙的平衡是如何被以发展为先的治理理念扰乱的。

巴厘岛上的水神庙就是一个典型的例子，在这里，悠久的传统制度把宗教信仰和部落社会结合起来，并赋予乡村牧师管理流经梯田的错综复杂的水文系统的权力。美国人类学家斯蒂芬·兰辛的研究成果表明，政府加强控制、推行发展目标以及促进生产的"科学"方法等做法，被迅速证明可持续性低，践踏了小心翼翼平衡的社会互惠原则，也不适用于复杂的本土生态系统。

印度的国家独立与前总理尼赫鲁所说的"水坝是现代印度的神殿"息息相关。自20世纪70年代以来，水坝的拥护者和反对者之间的斗争从未中断，社会、政治和法律方面的重大争议持续困扰着纳尔默达河谷开发项目，主要是因为在没有征询150万即将流离失所的民众意见的情况下，政府提议在纳尔默达河及其支流上修建30座大型水坝，135座中型水坝和

3000 座小型水坝。根据国际联盟纳尔默达河之友的说法：

> 大坝的支持者声称该计划将提供大量的水和电力，正是实现发展目标所迫切需要的……然而，透过特权阶级的华丽辞藻、谎言和托词，严重的不平等现象就突显出来了。大量的贫困群体和弱势群体（主要是部族和达利特人）被剥夺了生计，甚至被迫放弃原来的生活方式，为水坝让路。这些水坝建立在令人难以信服的共同利益和国家利益主张的基础上。

印度女作家阿兰达蒂·罗伊也情绪激昂地批评了该计划：

> 大水坝在国家发展中所起到的作用，就好比核弹对军火库的意义。它们都属于大规模杀伤性武器……它们代表着切断联系，不仅人类与其赖以生存的地球之间的联系被切断，二者之间的理

巴厘岛上的水神庙

印度纳尔默达河上的萨达尔·萨罗瓦大水坝

解也被切断。他们扰乱了鸡蛋与母鸡，牛奶与奶牛，食物与森林，
水与河流，空气与生命，地球与人类生存之间的联系。

改变水的流向，使其为工业生产服务，也突出了公共水资源的继承权
概念与将水制造为可销售的商品之间的冲突。仍然以印度为例，过去10
年中，可口可乐公司在喀拉拉邦普拉奇玛达村，泰米尔纳德邦西瓦冈格阿
地区，以及拉贾斯坦邦卡拉德拉村设立的大型罐装工厂持续引发重大争议。
诉讼大战仍在继续，社区行动小组认为可口可乐公司对水的使用已使周边
地区的地下水位大幅降低，并造成地下水污染，对当地农民的长期用水权
构成了事实上的侵占。

水流的彻底改变也会对水生生物和依赖水生生物的物种造成灾难性的影响。水坝阻止淤泥补给肥沃的三角洲地区，并使营养物质无法到达海洋，为海洋生物所利用。快速流淌的水释放出急流，这些急流冲刷着干涸且脆弱的河谷，侵蚀河床和河岸，造成水土流失，损害河流和沿海生态系统的水质。没有鱼梯的水坝还会阻止许多鱼类必须经历的溯河产卵。

水坝下游的人类和其他物种也面临着其他风险。大型水库的修建，增加了相关地区发生地震活动的风险。如果水坝受到地震或其他事件的影响，还会额外增加该地区的洪水风险。很多重大的大坝事故，通常由大雨或建筑缺陷而引起。现在大坝在地图上被标示为三个橙色点，因为根据《国际人道法》规定，该地被归类为"具有危险力量的设施"。

缺水

尽管大规模的蓄水工程正在如火如荼地进行着，人口也从农村地区流动到城市贫民窟，但某些地区仍然缺水，这意味着约有 10 亿人口缺乏安全的饮用水，超过 20 亿的人口没有足够的卫生设施。人类在自身活动中对水的利用也对水质造成了严重影响，这一苦果仍然由世界各地的穷人来承受，每天有 1 万至 1.4 万人（主要是儿童）死于水媒疾病。干净的塑料瓶装矿泉水似乎已经成为西方青少年手中必不可少的物品，而生产一瓶水所消耗的水量是其容量的 6 倍，这是多么的不平等啊！

水具有溶解和携带其他物质的能力，这意味着污染的代价由所有动植物共同承受。水坝和灌溉导致众多生态问题，大片土地盐碱化便是最普遍的问题之一。定期浇灌浅根作物会使潜水面提升，使盐分渗入地表，污染土壤并降低土壤肥力，即使是原生植被也无法生长。大部分的灌溉用水依

菲律宾马尼拉的"河畔"民居

赖于抽出的地下水。地下水存量有限，含水层也需要几百年的时间才能重新补给，而且许多含水层还含有对土壤结构产生不利影响的盐分和其他矿物质。就像古代农业制度下，人们为实现"绿色沙漠"所付出的努力因盐碱化而失败一样，如今盐碱化已成为以色列、美国和澳大利亚面临的主要问题。以澳大利亚为例，农民所说的"白死病"正影响着超过 500 万公顷的土地，并且在未来 50 年中，这一数字预计将增加 3 倍以上。

　　污染状况也因河流流量减少而加剧。过度蓄水和抽水阻碍了一年一度的急流冲刷，而许多河流都曾依靠这种急流清除碎石，并将淤泥和较重的污染物带到海洋中。流量减少还意味着水道中的盐分和污染物得不到充分稀释。虽然人们正在努力解决这个问题，但是当科罗拉多河流到墨西哥的

纳米比亚的卡拉哈里盆地埃托沙盐湖中的盐碱地

时候，早已沦为股股盐水细流，墨西哥农民只能用这一"死亡液体"浇灌他们的大片农田。

　　尽管人们为保护河岸地区，付出了很多管理成本，但工业化耕作方式已将化学物质和其他污染物释放到河流中。许多现代农作物不仅需要依赖除草剂和农药（导致植物和昆虫大批量消失），还需要大量使用化肥，导致河流中养分过剩，不仅会对杂草的生长产生根本性的影响，还会造成水体富营养化，即水体缺氧。除此之外，还有来自河流两岸水草丰美地带密集的奶牛场排放的富含营养的泥浆。

　　与之相对应的是由工业废气引起的酸雨问题，酸雨遏制水生植物的生长。酸雨不仅可以毁坏森林，还使加拿大和欧洲的部分地区形成死湖，只

自 1970 年以来，国际油轮船东防污染联合会记录了一万多起漏油事件

有藻类植物（转板藻或"大象鼻涕"）才能存活。水生生态系统承受着如此多的压力，而人类还在不断地排水造田，因此国际自然保护联盟预测，接下来的半个世纪里，世界上 41% 的两栖类物种，将被迫灭绝。

当然，无论是从比喻意义上讲，还是从字面上看，一切都在海洋里终结，脆弱的海洋生态系统对污染的影响更加敏感。数百万吨的人类废物经由排污口持续地排入海洋；工业重金属污染随着每一次疏浚向下游和河口外转移；石油泄漏和其他化学灾难越来越频繁，海洋生态系统面临着多重压力。

红海的珊瑚礁

海岸线供养着多种物种的海草和其他水生植物正在消失，小型生物正在忍受窒息之痛。受污染、温度升高和海平面变化等影响，珊瑚礁这种生长了数千年的色彩缤纷的万花筒，正在变灰并死亡，以至于国际自然保护联盟预测，到 21 世纪中叶它们几乎会全部消失。

希腊悲剧作家欧里庇得斯说，"海洋可以洗涤一切邪恶"，尽管历史上许多社会都相信，"大水池"吸收、净化和再生的能力无穷无尽，但现在看来，这更像是一个危险的错觉。

摧毁水

物质污染并不是海洋环境面临的唯一压力。噪声污染（声霾）正在影响着所有依赖回声定位进行相互交流并在海洋中寻路的物种。随着极地冰盖的萎缩，西北航道的开放，北方航运的迅速发展，发动机的隆隆噪声、大陆架的地震成图以及天然气勘探作业，使水下噪声大幅度增加，甚至达到了鲸鱼和海豚回声定位所使用的频率。

采矿业，在任何情况下，都是水污染最严重的行业之一。目前世界各地采矿业蓬勃发展，以满足工业发展对矿物的需求。水的冲击作用侵蚀河岸，水体因此变得浑浊。采矿作业需要大量的水来清洗矿石，虽然环境监管机构在努力改善这一情况，但是采矿废水仍是主要的污染源。特别是使用氰化物等剧毒物质从矿石中提取矿物时，虽然理论上，这些污染物只存

德国诺德奈搁浅在港口的海豚

在于尾矿坝中，但随着时间的推移会逐渐渗入到河流中。正如政治家所说，"一切都终会泄漏"。

采矿活动对下游的用水者和生态系统产生重大影响，但采矿业通常是国民经济的支柱产业，跨国采矿公司与中央政府机构关系融洽。因此，他们可以扩大开采范围，甚至政府也鼓励他们这样做。人类学教授斯图尔特·基尔希研究巴布亚新几内亚的奥克泰迪河源头进行的采矿活动，他在报告中指出权力上的悬殊导致人权受到严重侵犯。全世界范围内类似的例子比比皆是，20世纪80年代以来，采矿业积极扩展到新的区域，尤其是亚太地区，采矿活动导致当地河流被占用和污染，损害了当地经济活动和当地居民的福祉。暴力抗议和资源战接连发生，人们为维持社会稳定和民生发展付出了高昂的代价。

围绕采矿对水的影响的纷争并非现在才有。日本古代学者熊泽蕃山（1619—1691年）曾发出警告，"开挖矿产并出口到国外，正使日本的山脉崩塌，河流变浅"。更让他担忧的不是水污染，而是人已不再与自然和谐共处。1877年，日本东京大学的科学家在研究报告中指出，经过江户时代（1600—1867年）的精心治理，东京供水系统的纯净度已经超过了巴黎和伦敦。但是工业化和国际贸易意味着采矿收入已经开始超过农业收入。

刚过了十年，东京北部渡良濑川附近的农民就请愿关闭足尾铜矿，因为铜矿污染了河水，毁坏了他们的田地，也损害了他们的健康。水变成了青白色，鱼都死了，吃过鱼的人都生了病。当鱼的销售被禁止后，渔村也崩溃了。1888年和1890年的大洪水使问题更加复杂：庄稼枯萎，农场工人生疮，村民恳求中央政府关闭矿场。但当时铜是日本的第三大重要出口物资，并且"为了满足快速现代化的需求，日本明治政府（1868—1912年）不愿意立即采取行动限制采矿活动"。

现代采矿技术可以防止此类极端水污染事件发生，至少在按要求采取

昆士兰石榴石山的卡加拉矿场

环保措施的地区可以实现。但是，采矿业和其他工业废水中潜伏着更多污染物，可同时影响到淡水和咸水。美国罗格斯大学教授乔安娜·伯格和迈克尔·戈菲尔德描述了汞、镉、铅等金属在海洋生物体内的积累：

> 人类在很大程度上依赖海洋而获取食物，包括藻类、贝类，其他无脊椎动物，如甲壳类，章鱼和鱿鱼，鱼、鸟及鸟卵、海洋哺乳动物……金属存在于溶液中，与悬浮微粒结合或被生物体吸收。一旦进入水层或水底沉积物中，金属就会在生物体内积累。

化学溶液

许多湖泊、河流和海洋也因药物和清洁产品污染水质受到损害，如类固醇、激素、抗生素和抗炎药，以及清洁剂、防晒霜、香水和兽药等人们用来清洁和美化自身和环境的物质。这些物质被排泄到水中，又没有在污水处理的过程中去除，导致水中"多种此类物质浓度升高，不仅会对水生生物造成伤害，同时也对人类构成潜在风险"。比如循环利用避孕药影响生育能力，类固醇和激素打破人体化学平衡，甚至用氯处理饮用水也能带来风险。

"陌生人的物质"，比如他人的污染性液体，就像污秽的洪水一样，构成令人极度反感的污染物。难怪即使从科学角度来看虽然世界上许多地方的水处理技术已经有所提高，人们对饮用水水质的担忧却不降反增。这在某种程度上反映了在工业化社会中社会关系的更加疏远。如果社会联系足够紧密，共享水和物质并不是什么问题，共浴甚至共饮一杯水能够直接反映出人际关系中的亲密程度。而陌生人的物质则另当别论，随着城市化的发展，人们越来越注重个人卫生和"自我约束"，对水质的看法也是如此。现在，大多数城市都需要循环用水，饮用曾被不少陌生人使用过的水，虽然令人不快，但却是有必要。

人们与供水企业的关系也日益疏远。长久以来，围绕用氯和氟化物处理水发生过多场激烈的辩论，现在许多本地供水公司都被跨国公司收购，人们对跨国公司的不信任，更是加深了这些疑问。人们同样也不信任农业工业化及其活动对河流的影响，为此忧虑重重，认为在流经农田和工业区之后，水质会进一步遭到破坏。

基于这些内在原因，人们不愿意喝廉价的自来水，有时宁愿为从水源地妥善收集瓶装的"纯净"泉水支付百倍的费用，瓶装泉水保留了"活水"和"治愈之水"等未被玷污、未受损害的含义，这与罗马人关于"原始状态的"水流的概念以及基督教徒将水作为精神物质的观念相吻合。此类产品的呈现方式清晰地传达了生成性理念，例如，在依云矿泉水广告中，象征着新生的婴儿在水下跃动，而富维奇的广告，则暗示富含碳酸的矿泉水中，蕴含着火山爆发的强大力量。

上图：依云矿泉水广告中的婴儿画面

下图：富维奇的广告中水如火山喷发

　　预计未来几十年内，世界上三分之一的人口将面临严重的水资源短缺问题。目前，科学家们一致认为，气候变化将加剧这些问题，并导致气温升高，冰川大量融化。即使是在地球上最潮湿的亚马逊地区，这些影响也体现得淋漓尽致，人们曾说这里"在旱季，每天都下雨。在雨季，雨每天下个不停"。如今，"一切都变了……红色的尘土覆盖着贝伦……雨林已

古斯塔夫·多雷 1866 年绘制的《大洪水》

葛饰北斋的作品《神奈川冲浪里》，创作于约 1831 年，彩色木版画

不复存在，只有草地、愤怒、饥饿的人、烧焦的树干和营养不良的牛"。

亚马逊盆地地区的干旱和水流波动富有积极意义，为地球上的海洋补充了约五分之一的淡水。水流在全球范围内的波动同样发人深省：气候变化除了导致干旱以外，似乎也使降雨变化无常，并使极端天气事件增多。世界各国遭受的洪涝灾害愈发频繁。

"我死之后，哪管洪水滔天"

被洪流席卷而坠入"爱"的海洋是值得肯定的，但多数情况下，洪水代表失控，席卷干燥的陆地，威胁到个人的界限和生存——"我不是挥手，

萨摩亚人海滨的"沙滩小屋"

而是溺水"。当路易十五预见到18世纪末法国大革命的洪流将席卷法国社会时，他用比喻表达了被水或公认的事件淹没的恐惧。即使是家庭内部发生的小规模洪水也能引起人深深的不安，因为它破坏家庭秩序，带来污染。但是，最让人恐惧的还是重大洪涝灾害，洪水毫不留情地扫清它们前进过程中遇到的一切阻碍。当河水决堤时，湍急的河水便体验到正常水流受伤破裂的滋味。

新奥尔良、布里斯班、密西西比州和其他近几年被洪水摧毁的城市里，河边居民正经历着这些。尤其像孟加拉国这样人口众多的国家，频繁发生的洪涝灾害每每令人沮丧。毫无疑问，人类活动使这些问题恶化。人类排干河岸和沿海湿地中的水，砍伐森林用于发展农业，导致原本用来吸收丘陵山区地表径流的植被层被清除，用不透水的混凝土覆盖大片区域，还将原本蜿蜒的河流取直。当然除此之外，人类对水的最严重的破坏还包括，气候变化导致降水形式更加不稳定，引发大风暴使洪流涌向河流下游。地震活动更加频繁，地势低洼的沿海地区也感受到了跨越海洋而来的海啸的恐惧，这些地区由于失去了用于缓解潮水侵袭的红树林沼泽，变得更加脆弱。

随海啸而来的巨浪吞噬人们的生命，仿佛地狱巨大的胃逾越了界限，

澳大利亚一座已干旱三年的农场

来到安全的大地上掠夺吞食，使一切都陷入混乱。经历过海啸的人们不再认为海岸线能够保障安全。例如，2009 年萨摩亚发生的海啸吞没了许多村庄，幸存的人们不愿返回他们世代居住的海滨之家。

　　全球范围内水的无序流动及其对社会和生态系统的影响，也在干旱时得以体现。干旱地区遭受旷日持久的旱灾，关于气温升高的预测结果对人

类和其他生命来说，无异于雪上加霜。与洪水一样，干旱具有重大的象征意义，是失去活力、生成能力和生命的最终体现。随着荒漠化的蔓延，越来越多的群体失去生计，曾经的生活方式也无法延续。环境难民的人数正在迅速增加，但现在很少有国家愿意接纳大量移民，更别说移民还会"污染"并破坏社会和文化稳定性。随着围绕水和其他资源的竞争日趋激烈，这种不情愿只会更加强烈。

许多背井离乡的环境难民并不是发展直接的受害者，这让我们认识到一个严峻的事实——生态系统并不能无限地支持不断增长的人口和集约化的生产方式。生态系统也无法继续供养其他非人类种群，栖息地的丧失和多种形式的环境退化对生物多样性造成巨大影响。地球历史上曾发生过几次重大的灭绝事件，但我们现在正在见证第一起由人类活动导致的灭绝事件。

国际自然保护联盟认为，"据专家估计，我们今天所见证的物种迅速消失的速度，比预期的自然灭绝速度高出 1000 至 10000 倍"。而且，"这还只是保守估计"。除了人类是否有权导致其他物种灭绝引发的道德争议之外，将众多参与者驱离相互依存的复杂关系似乎并不明智。如果行星系统中水有序流动遭到破坏，无论是人类还是其他任何物种，都无法避免受到影响。美国哥伦比亚大学詹姆斯·汉森教授所预测的"地平线上的暴风雨"，很可能完全正确。

结语

水的消耗

用水进行灌溉、工农业生产，一直是人口呈指数增长的重要因素。允许社会依靠不断扩大水、土地和所有其他资源的利用规模来发展经济，同样至关重要。这给许多人带来物质上的好处，但平民百姓以及同样依赖于水的非人类种群却需要为此付出巨大代价。几十年来，一直存在着这样一个观念，虽然现在财富、健康和权力分配不均，但只要有足够的技术，就可以缓解环境破坏造成的恶果，并且所有人都可以效仿西方的消费方式。

有许多振奋人心的新技术让人类可以更有效地利用水资源，这些技术应该加以推广。但是，人口的快速增长与全球范围内对特定生活方式的渴望，对最具创新性的技术进步实现人类和生态长期可持续发展的能力提出了挑战。试想一下，生活过程需要耗费多少水。大约十年前，英国地理学家安东尼·艾伦设计了一种方法来计算生产食品和人工制品所消耗的水量。制作一杯咖啡大约需要 140 升"虚拟"水；500 克干酪需 2500 升水；一公斤大米需 3400 升水；一条牛仔裤需 5400 升水；而制造一辆汽车，需要消耗的水超过 50000 升。

生产过程中使用的水，除了以这种方式成为"虚拟水"之外，还留下了空间上分布的"水足迹"，就像已为我们所熟知的碳足迹一样。"蓝色水足迹"表示从当地环境中获取了多少水，而"灰色水足迹"则代表了该过程产生了多少被污染的废水。基于全球供应链的流动，这些足迹的分布极不均衡：例如，德国的蓝色水足迹遍布其他 200 多个国家。而每个德国人平均每天直接使用的水仅为 124 升左右，但如果算上他们生产食物、衣服和其他日常用品需要消耗的水量，则每天还要再使用 5288 升水。

这意味着，每年大约有一万亿吨的虚拟淡水在国际市场上交易，通常

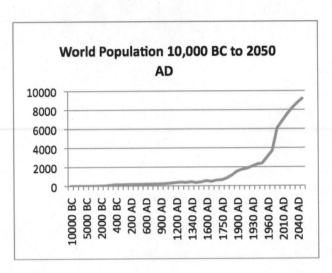

人口增长曲线

是从贫穷的干旱地区出售到温带气候下较为富裕的工业社会。除了留下昂贵的水足迹外，这种用水方式不仅动用了日益退化的河流之水，还从有限的含水层和不断融化萎缩的冰川中取水。这必然会加剧人们对水控制权的竞争，并导致对水资源的争夺更加激烈。

跨界流动

与水有关的纷争的爆发速度惊人，并且只要人们争相引导水流，这种纷争就会再次发生。历史档案中对多塞特郡的斯图尔河的描述，记录了自古以来水磨坊主之间的纷争，下游磨坊主抱怨上游邻居没有履行放水协议，剥夺了他们的生计。万变不离其宗，近期发生在澳大利亚昆士兰州的事件，

澳大利亚昆士兰州库比灌溉农场的分流渠道

与多塞特郡档案中的记载如出一辙。澳大利亚昆士兰州和新南威尔士州之间的竞争中一直很激烈，但在卡尔戈阿河沿岸的库比灌溉农场修建巨型私人灌溉设施，则使局势更加紧张。昆士兰州政府批准库比农场拦截大约四分之一的水，而原本这些水将跨越省界流入达令河，继而流入世界上退化最严重的流域之一——墨累达令盆地。将水大量转移用于种植极度耗水的棉花以获取高额利润，引发了下游农民的强烈抗议，因为他们的水量配额被剥夺。环保主义者也表达了强烈抗议，他们对该流域最后幸存的湿地遭到破坏感到绝望，那是候鸟重要的栖息地。

即使没有洲际竞争，合作也并不总是成功，比如加利福尼亚州激烈的"水战"始于 19 世纪洛杉矶争夺水资源引发的冲突，从此以后，人们就水量分配问题不断进行争斗。各国拦截跨界河流时引发的冲突，使局势更加动荡。

水资源管理方面的协作，鼓励国家之间和国家内部进行合作。正如最近，人们为在科罗拉多河流量上达成一致付出诸多努力，这说明水资源匮乏使这种积极成果更加难以实现。历史上这样的例子比比皆是，比如土耳其、叙利亚和伊拉克围绕底格里斯河和幼发拉底河的冲突；埃及、埃塞俄比亚和苏丹之间在尼罗河上的较量；以色列、黎巴嫩、约旦和巴勒斯坦在约旦河上的纷争。

　　各国对海洋资源的控制也一直引发争端。20世纪50与70年代，英国和冰岛之间曾爆发一场"鳕鱼战争"，两国最近又因鲭鱼纷争而重燃战火。捕捞配额竞争经常使英国与西班牙、澳大利亚与日本、美国与俄罗斯之间的关系恶化。咸海仍然是哈萨克斯坦、乌兹别克斯坦、土库曼斯坦、塔吉克斯坦和吉尔吉斯斯坦之间紧张局势的根源。

　　如果再算上争夺水资源引发的武装冲突，与水有关的冲突清单将变得更加冗长，在这些冲突中，获取淡水，既是核心问题，也是关键要素。有些人认为"缺水"概念的提出只是为了便于对水进行围封和控制。这种谴责不无道理，但即使是观念上的水资源匮乏，也能产生社会和政治上的影响。而且有证据表明，淡水资源的确有限并且正在减少。水资源短缺可以

轻易地造成政治关系动荡：

> 巴基斯坦……是一个拥有核武器的国家……很快，它的主
> 要生命线，来自印度河三分之一的水将因为冰川不再融化而枯竭，
> 人口却增长了 30%。因此，在接下来的 15 年中，我们可以想象

阿拉斯加湾瓦尔迪兹的渔船

一个已经处于危险边缘的国家，如何应对水量减少了30%，而人口却增加了30%的局面。美国认识到了这个问题，并在12月同意向巴基斯坦提供75亿美元资金援助。其中一半将用于与水有关的项目——蓄水、灌溉和水力发电。

制造恐慌于事无补，但显然，若水资源匮乏失去控制，极易引发政治动荡。联合国教科文组织建议，应将无法获取水资源视为恐怖主义的主要原因。这引起了印度学者范达纳·希瓦的热烈回应，她将恐怖分子描述为那些：

> 隐藏在公司会议室内，潜伏在世界贸易组织自由贸易规则、北美自由贸易协定和美洲自由贸易区背后的人。他们躲在国际货币基金组织和世界银行的私有化附加条件后面。通过拒绝签署《京都议定书》，布什总统坚持对无数群体实施生态恐怖主义行为，这些群体很可能会因全球变暖而从地球上被抹去。在西雅图，世贸组织被示威者称为"世界恐怖组织"，因为世贸组织的规则剥夺了数百万人享有可持续生存的权利。

她的言论中，隐含着一个中心主题，即谁拥有水，谁就肩负着管理水的责任，谁就需要处理并承担相应的社会和生态后果。

逆流

20世纪后期，人类用水强度加剧，对淡水资源有限的认识日渐提高，以及遵循市场规则的新自由主义兴起，加快了水资源私有化的速度。这并不是什么新鲜事，几个世纪以来，人们一直在尝试利用各种形式的私有制将水圈禁起来。当需要重大基础设施投资实现供水系统现代化时，人们又一致地开始进行尝试。

但是，总体来讲，数千年来，水一直被认定为"共同利益"，并在一定程度上受到了民主理念的支配和控制，民主理念认为政治解放与关键资源的所有权紧密相连。

然而，到了20世纪80年代，美国和英国的右翼政府热衷于将治理权下放给市场，对新自由主义意识形态及做法听之任之。1989年，不顾大规模抗议，英国首相玛格丽特·撒切尔执意将英国的水行业私有化，仅保留一个力量薄弱的监管机构，即水务管理局，以保护公共利益。大部分水行业被迅速出售给跨国公司，水费在五年内上涨了60%，而且基础设施建设

2006年墨西哥城中水权宣传海报

投资不足，即使在数月降雨之后，国家仍遭受长时间的"干旱"影响。偷水者的数量再次增多，就像在维多利亚时代一样，人们非法在供水管道上开孔，这在一定程度上是为了发泄对圈占"共同利益"的不满情绪。

并非所有人都顺从水私有化制度，尤其是极端贫困地区。正如自上而下的政治权力是通过控制水来实现的，人们也可以通过拒绝让出对共有资源的控制权，来为反运动赋权。2000年，在众所周知的"水战"中，民众的暴力抗议获得了成功，阻止了玻利维亚（应世界银行的要求）将水的控制权出售给美国贝克特尔公司，甚至阻止人民收集雨水的企图。

民众的强烈抗议使私有化不得不暗中进行，例如澳大利亚约翰·霍华德政府制定的水交易方案中就体现了这一点。尽管这些方案中从未使用过"P"（私有化）的字眼，但政府每年向农民和工业分配的水配额被转化为可以在"虚拟"水市场上交易的私有财产，从而在事实上实现了水的私有化。很多情况下，努力生存的农民无法与库比灌溉农场这样的大买主竞争，他们不得不放弃，并将其土地上的水资源配额出售。

水通过这种方式成为不断升值的资产，右翼政府和跨国水务行业正在推行私有化。例如，在2012年，毛利人试图阻止新西兰保守党政府出售水力发电公司的股份及其附带的水量配额，但徒劳无功。

通常来讲，购买这些股份的大型跨国公司不生活在其供水（或用水生产能源或货物）的环境中，与生活在上述环境中的人也没有任何共同利益。用经济史学家卡尔·波兰尼的话说，就像出口货物中的虚拟水一样，水带来的利益被剥离了。这种液体财富像升腾的蒸汽一样流入公司的国际现金流中，存储在避税天堂被保护的"水库"中，而其社会和生态代价却被抛诸脑后。

几十年来，我们反复地听到来自受益人的市场规则比政府治理更可取的说法。但在竞争机制里，既有赢家，也有输家，且输家的数量不断增加。

受污染的水，也是利润的残渣

政府扮演着什么角色？如果政府将水的所有权和管理权交给不负责任的精英群体，不就背弃了其最基本的民主原则和道义责任吗？如果国家不再拥有最重要的资源，那么国家为谁所有？

在与水有关的当代话语体系中，这些问题就像是一股潜流。过去的二十年里，人们直言不讳地批评水坝和发展所造成的生态和社会影响，反对短期竞争意识形态的反抗运动兴起。玻利维亚水战的成果之一，是突出了地区反抗运动与全球活动家网络之间不断壮大的联盟，二者同样重视民主权利、水的公共所有权和控制权。出于对现状的强烈不满及实现平等原则的共同承诺，反向运动团结起来，汇集各方力量，推动主流选择完全不同的、更具持续性的方向。

与水的可持续关系将会如何呈现？坦佩雷大学教授佩特里·尤蒂和他的同行们建议"运用两千多年前制定的一些可持续、可实施的水管理与服务的基本原则，可以避免并解决许多当前的问题"。但是，他们也认为，治理不力、强大的反对团体，再加上我们所有人都难以抗拒的直接利益，使我们更加推崇短期思维而非长线思维。正如詹姆斯·汉森教授所说，将"暴风雨"留给我们的子孙后辈。那么，是否存在一条前进道路能够让我们避免水的紊乱呢？

乌托邦之水

仔细观察不同时期人类可持续生活方式的变化可以发现，尽管文化差异明显，但人们都通过各种方式维持着一系列平衡，使人类活动保持在一定限度之内，人类利用资源的速度与物质环境自我调节的能力相适应。环境自我调节的能力受到物质条件的限制，这凸显了可持续发展概念的内在矛盾。奥地利哲学家伊万·伊里奇直截了当地说："'可持续'代表着平衡与极限，'发展'代表着更多的期望。"近期的经济危机使人们重新开始批判增长依赖和持续扩张，提倡稳态甚至去增长经济的理念。尽管当代话语体系通常把经济呈现为独立的对象，但经济并不能独立于生活的其他部分而存在，经济既是社会安排，也是政治安排，并且最重要的是经济代表着人类与物质环境和其他物种的关系。

因此，我们需要知道通过哪些社会和物质实践可以实现可持续发展，答案恐怕并不是不受控制（且通常是竞争性）的人口增长。我们需要知道推行哪些政策会实现资源的持续利用，从当前的状况来看，答案可能并不是要让人和环境受竞争市场的摆布。人与水的关系史表明，可持续性更依赖于合作而非竞争，依赖于能够满足所有人类和非人类种群利益的治理形式。如果你觉得这听起来不可思议，那么我们应该回想一下通常被认为出自美国著名律师德里克·博克的那句名言："如果您认为教育昂贵，请尝试无知的代价。"如果您认为可持续性难以实现，请尝试没有它的生活。

人们已经开始尝试启动全球水管理合作：国际宣言维护了人获得水的权利，并呼吁将基本水权扩大到非人类种群，甚至还尝试制定一些应对气候变化问题的条约，虽然并没有掀起什么波澜。2003 年发布的《联合国世界水资源发展报告》虽然固守虚无缥缈的发展目标，但也承认改善治理的必要性。人们呼吁建立与《欧盟水框架指令》相呼应的全球公约，清楚地表述所有国家在与水有关的问题上肩负的集体责任。人类最大的希望是，随着来自"草根"阶层的压力越来越大，自上而下的努力能够带来转折，实现真正的变革。

海的转变

这是人类历史上第一场不需要数十年的铺垫，就能开展的全球性对话。流畅的沟通交流使思想像古希腊人想象中的"大洋河"一样环绕着这颗星球流动，为人类社会相互讨论重要事物提供了新的可能。但是，实现更具可持续性的生活方式，需要的不仅仅是围绕经济政策的功利性进行辩论，或尝试使用新技术和更有效的管理来解决实际问题，还需要摆脱把水简单地看作 H_2O，或认为水不过是一种经济资产的观念。为此，我们不仅需要用心，还需要用脑，需要从艺术和科学两个层面来思考。

反向运动大多是为了伸张社会和生态正义，同时也出于对从感官和精

意大利导演费德里科·费里尼1960年上映的电影《甜蜜的生活》中，男女主演马切洛·马斯楚安尼和安妮塔·艾格宝在罗马特雷维喷泉的画面

神层面与水互动的强烈喜好。单单是沐浴和饮水的愉悦，就足以让我们回忆起水在我们生活中的中心地位。虽然不为追求效率的功利主义所容，艺术和人文学科仍为思维方式和感觉方式提供途径。就像音乐能够唤起人们心中对水的感觉、水的声音以及水的含义。歌曲《老人河》，提醒我们时光流逝不可阻挡，"滚滚逝去不停留"；韩国钢琴家李闰珉的钢琴曲《你的心河》，用音乐赞颂人类的团结。电影也用水来诉说动人心弦的爱情，失去、结束和新的开始。视觉艺术中有丰富的比喻意象颂扬水的内涵：英国画家特纳描绘的宏伟海景，唤起了海洋神圣的美及其潜在的混乱，或是那些围绕喷泉与波浪发生的爱情画面。

每个文化群体都有自身独特的音乐、形象，以及与水重新建立联系的方式。人们应该珍视这些至关重要的财富，不能为了追寻物质利益，就不加思索、冷酷无情地将其遗忘。社会需要铭记水是什么、水有什么含义以及水为什么重要。水是人类与地球上每个生物之间的流动联系：因为我们都是"超级海洋"。赋予我们身体生机的水流同时也在循环并赋予所有大大小小的物质系统以活力，为人类和其他物种提供赖以生存的物质条件。水是具有创造性和生成性的海洋，它创造并供养生命，而活水是代表个性、精神和自我的物质。我们需要认识到水既是时间、记忆、运动和流动，也是心灵和想象力的潮流，同时还是真正的财富，是健康与完整的结合体。有了流动的联系，才能通过水在思考和行动中共同协作。

泰坦尼克号的广告

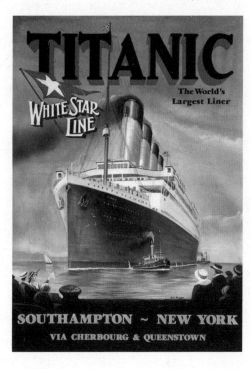

精选参考文献

1. Allaby, Michael, Atmosphere: *A Scientific History of Air, Weather and Climate*（《大气：空气、天气与气候的科学史》）, New York, 2009.

2. Anderson, Susan and Bruce Tabb, eds, *Water, Leisure and Culture: European Historical Perspectives*（《水、休闲与文化：欧洲的历史观》）, Oxford and New York, 2002.

3. Astrup, Poul, Peter Bie and Hans Engell, *Salt and Water in Culture and Medicine*（《文化与医药中的盐和水》）, Copenhagen, 1993.

4. Austin, Norman, *Meaning and Being in Myth*（《神话中的意义与存在》）, London, 1989.

5. Bachelard, Gaston, *Water and Dreams: An Essay on the Imagination of Matter*, trans. Edith Farrell（《水与梦：关于物质想象的一篇论文》）, Dallas, TX, 1983.

6. Baker, Samuel, *Written on the Water: British Romanticism and the Maritime Empire of Culture*（《声名水上书：英国浪漫主义和航海帝国的文化》）, Charlottesville, VA, 2010.

7. Bakker, Karen, *An Uncooperative Commodity Privatising Water in England and Wales*（《不合作的商品：英格兰与威尔士的水私有化》），Oxford, 2003.

8. Ballard,J. G., *The Drowned World [1962]*（《淹没的世界》），New York, 2012.

9. Barty–King, Hugh, *Water - The Book: An Illustrated History of Water Supply and Wastewater in the United Kingdom*（《英国供水与废水处理图像史》），London, 1992.

10. Biswas, Asit, *History of Hydrology*（《水文学史》），Amsterdam and London, 1970.

11. Boomgaard, Peter, ed., *A World of Water: Rain, Rivers and Seas in Southeast Asian Histories*（《水世界：东南亚历史中的雨水、河流与海洋》），Leiden, 2007.

12. Busse, Mark and Veronica Strang, eds, *Ownership and Appropriation*（《所有权和拨款》），Oxford and New York, 2010.

13. Butzer, Karl, *Early Hydraulic Civilisation in Egypt: A Study in Cultural Ecology*（《埃及早期水利文明：一份文化生态学研究》），Chicago, IL, and London, 1976.

14. Caldecott, Julian, *Water: The Causes, Costs and Future of a Global Crisis*（《水：全球危机的缘由、代价和未来》），London, 2008.

15. Chen, Celia, Janine Macleod and Astrida Neimanis, eds, *Thinking with Water*（《关于水的思考》），Montreal, 2013.

16. Chen,Jianing, and Yang Yang, *The World of Chinese Myths*（《中国神话世界》），Beijing, 1995.

17. Cruz–Torres, Maria, *Lives of Dust and Water: An Anthropology*

of Change and Resistance in Northwestern Mexico（《在尘与水中生存：墨西哥西北的人类学变迁与延续》），Tucson, AZ, 2004.

18. Deakin, Roger, Waterlog: *A Swimmer's Journey Through Britain*（《水志：游泳穿越英国之旅》），London, 2000.

19. Dear, Peter, *The Intelligibility of Nature: How Science Makes Sense of the World*（《自然的智慧：科学如何让世界合理》），Chicago, IL, 2006.

20. Donahue, John and Barbara Johnston, eds, *Water, Culture and Power: Local Struggles in a Global Context*（《水、文化和权力：全球背景下的局部抗争》），Washington, DC, 1998.

21. Douglas, Mary, *Implicit Meanings: Essays in Anthropology*（《隐含的意义：人类学论文集》），London, 1975.

22. Ferguson, Diana, *Tales of the Plumed Serpent: Aztec, Inca and Mayan Myths*（《梅花蛇的传说：阿兹特克、印加和玛雅传说》），London, 2000.

23. Giblett, Rodney, *Postmodern Wetlands: Culture, History, Ecology*（《后现代湿地：文化、历史、生态》），Edinburgh, 1996.

24. Goubert, Jean-Pierre, *The Conquest of Water: The Advent of Health in the Industrial Age*, trans. Andrew Wilson（《水的征服：工业时代到来的健康议题》），Princeton, NJ, 1986.

25. Hahn, Hans Peter, Karlheinz Cless and Jens Soentgen, eds, *People at the Well: Kinds, Usages and Meanings of Water in a Global Perspective*（《井边的人：全球视野下的水类型、用途与含义》），Frankfurt and New York, 2012.

26. Hastrup, Kirsten, and Frida Hastrup, eds, *Waterworlds:*

Anthropology in Fluid Environments（《水世界：流体环境的人类学》），Oxford and New York, 2014.

27. Helmreich, Stefan, *Alien Ocean: Anthropological Voyages in Microbial Seas*（《异怪之海：细菌海洋中的人类学之旅》），Berkeley, CA, 2009.

28. Hill, Ernestine, *Water into Gold: The Taming of the Mighty Murray River [1937]*（《点水成金：驯服凶悍的墨累河》），London and Sydney, 1965.

29. Huxley, Francis, *The Dragon: Nature of Spirit, Spirit of Nature*（《龙：自然之灵性，灵性之自然》），London, 1979.

30. Illich, Ivan, *H₂O and the Waters of Forgetfulness*（《H₂O 和遗忘之水》），London and New York, 1986.

31. Illich, Ivan, *'The Shadow Our Future Throws'*（《未来的阴影》），New Perspectives Quarterly, XVI/2, 1999, pp.14–18.

32. Johnston, Barbara, Lisa Hiwasaki, Irene Klaver, Amy Ramos-Castillo and Veronica Strang, eds, *Water, Cultural Diversity and Global Environmental Change: Emerging Trends, Sustainable Futures?*（《水、文化多样性与全球气候变化：新趋势，可持续的未来？》），Paris, 2012.

33. Juuti, Petri, TapioKatko and Heikki Vuorinen, eds, *Environmental History of Water: Global View of Community Water Supply and Sanitation*（《水的环境史：社区供水与清洁的全球视角》），London, 2007.

34. Khagram, Sanjeev, *Dams and Developments Transnational Struggles for Water and Power*（《水与权力争夺的变迁》），Ithaca, NY, 2004.

35. Krause, Franz, and Veronica Strang, eds, *'Living Water: The*

Powers and Politics of a Vital Substance' (《生息之水：一种重要物质的权力与政治》), Worldviews, special issue, XVII/2, 2013.

36. Lakoff, George, and Mark Johnson, *Metaphors We Live By* (《我们赖以生存的隐喻》), Chicago, IL, 1980.

37. Lansing, Stephen, *Priests and Programmers: Technologies of Power in the Engineered Landscape of Bali* (《牧师与程序员：巴厘岛工程景观中的技术力量》), Princeton, NJ, and Oxford, 1991.

38. Leslie, Jacques, *Deep Water: The Struggle Over Dams, Displaced People and the Environment* (《水坝、流离失所者和环境的争夺战》), London, 2006.

39. Leybourne, Marnie and Andrea Gaynor, eds, *Water: Histories, Cultures, Ecologies* (《水：历史、文化、生态》), Nedlands, WA, 2006.

40. Linton,Jamie, *What is Water? The History of a Modern Abstraction* (《水是什么？：抽象的现代史》), Vancouver, 2010.

41. Lovelock, James, *Gaia: A New Look at Life on Earth* (《地球生命的新面貌》), Oxford, 1987.

42. LykkeSyse, Karen, and Terje Oestigaard, eds, *Perceptions of Water in Britain from Early Modern Times to the Present: An Introduction* (《简明英国近代早期以来有关水的认知》), Bergen, 2010.

43. Lyndon−Bell, Ruth, et al., eds, *Water and Life: The Unique Properties of H₂O* (《水与生命：H_2O 的独特性质》), Boca Raton, FL, and London, 2010.

44. McMenamin, Dianna, and Mark McMenamin, *Hypersea* (《超海》), New York, 1994.

45. Maidment, David, ed., *Handbook of Hydrology*(《水文学手册》),

New York, 1993.

46. Margulis, Lynn, and Mark McMenamin, eds, *Concepts of Symbiogenesis: Historical and Critical Study of the Research of Russian Botanists*（《共生体的概念：俄罗斯植物学家研究的历史和批判性研究》），New Haven, CT, 1992.

47. Mays, Larry, *Ancient Water Technologies*（《古代水力技术》），Dordrecht, 2010.

48. Oestigaard, Terje, *Water and World Religions: An Introduction*（《水与全球宗教概要》），Bergen, 2005.

49. Oppenheimer, Stephen, *Out of Africa's Eden: The Peopling of the World*（《走出非洲伊甸园：天下之大》），Johannesburg, 2003.

50. Orlove, Benjamin, *Lines in the Water: Nature and Culture at Lake Titicaca*（《水中线条：的的喀喀湖的自然与文化》），Berkeley, GA, 2002.

51. Patton, Kimberley, *The Sea Can Wash Away All Evils: Modern Marine Pollution and the Ancient Cathartic Ocean*（《大海能洗清一切罪恶：现代海洋污染与古代海洋排污》），New York, 2007.

52. Pfister, Laurent, Hubert Savenije and Fabrizio Fenicia, *Leonardo Da Vinci's Water Theory: On the Origin and Fate of Water*（《菲尼西亚·莱昂纳多·达芬奇论水：关于水的起源与命运》），Wallingford, 2009.

53. Pinker, Steven, *How the Mind Works*（《心智探奇》），London, 1997.

54. Reisner, Mare, *Cadillac Desert: The American West and its Disappearing Water*（《凯迪拉克的荒漠：美国西部消失的水》），London, 2001.

55. Schafer, Edward, *The Divine Woman: Dragon Ladies and Rain Maidens in T'ang Literature*（《神女：唐代文学中的龙女与雨女》），Berkeley, CA, and London, 1973.

56. Shaw, Sylvie and Andrew Francis, eds, *Deep Blue: Critical Rejections on Nature, Religion and Water*（《深蓝：对自然、宗教和水的批判性思考》），London, 2008.

57. Solomon, Stephen, *Water: The Epic Struggle for Wealth, Power, and Civilization*（《水：财富、权力和文明的史诗》），New York, 2010.

58. Strang, Veronica, *'Life Down Under: Water and Identity in an Aboriginal Cultural Landscape'*（《下方的生活：土著文化景观中的水和特性》），in Goldsmiths College Anthropology Research Papers, 2002.

59. Strang, Veronica, *The Meaning of Water*（《水的意义》），Oxford and New York, 2004.

60. Strang, Veronica, *Gardening the World: Agency, Identity and the Ownership of Water*（《浇灌世界：代理、身份与水的所有权》），Oxford and New York, 2009.

61. Symmes, Marilyn, *Fountains, Splash and Spectacle: Water and Design from the Renaissance to the Present*（《喷泉、水花和奇观：文艺复兴以来的水与设计》），London, 1998.

62. Tuan, Yi-Fu, *The Hydrologic Cycle and the Wisdom of God: A Theme in Geoteleology*（《水文循环与上帝智慧：一个地质地貌学主题》），Toronto, 1968.

63. Tvedt, Terje and Eva Jakobsson, eds, *A History of Water I: Water Control and River Biographies*（《水史（一）：水的控制与河流变迁》），London, 2006.

64. Tvedt, Terje and Eva Jakobsson, and Terje Oestigaard, eds, *The Idea of Water*（《水的概念》）, London, 2009.

65. Vernadsky, Vladimir, *The Biosphere*（《生物圈》）, Santa Fe, NM, 1986.

66. Wagner, John, ed., *The Social Life of Water in a Time of Crisis*（《危机之际的水之社会生活》）, Oxford and New York, 2013.

67. Walsh, Patrick, Sharon Smith, Lora Fleming, Helena Solo-Gabriele and William Gerwick, eds, *Oceans and Human Health: Risks and Remedies from the Seas*(《海洋与人类健康：来自海的风险和补救措施》), London, 2008.

68. White, Richard, *The Organic Machine: The Remaking of the Columbia River*（《有机机器：重塑哥伦比亚河》）, New York, 1995.

69. Wittfogel, Karl, *Oriental Despotism: A Comparative Study of Total Power*（《东方专制主义：对于极权力量的比较研究》）, New Haven, CT, 1957.

相关协会

Care International, Water
国际关怀协会水援助方案

Conservation International
保护国际基金会

European Centre for River Restoration
欧洲河流生态修复中心

Global Water
全球水组织

Grassroots International
基层国际组织

Greenpeace International
绿色和平

International Network of Basin Organizations
流域组织国际网络

International Panel on Climate Change
国际气候变化专门委员会

International Programme on the State of the Ocean
国际海洋状态计划

International Union for Conservation of Nature
国际自然保护联盟

International Water Association
国际水协会

International Water History Association
国际水史协会

The Rivers Trust
河流信托

United Nations, International Decade for Action 'Water for Life' 2005—2015
联合国十年国际行动"生命之水"（2005—2015）

United Nations, Resolution 64/292 (the human right to water and sanitation)
联合国 64/292 号决议：享有水与卫生设施的人权

WaterAid
水援助组织

The Water Project
水资源项目

World Health Organization, Water and Sanitation
世界卫生组织：水与环境卫生

鸣谢

我要感谢杜伦大学高等研究院 (IAS) 在 2009 年提供的水资源研究员职位，使我得以拓宽研究领域，并从多学科的角度开展研究。这次体验非常具有启发性，我也从此在高等研究院从事全职工作。本书写作得益于各学科同事的指导和建议，包括天体物理学家马丁·沃德、考古学家托尼·威尔金森、科普作家菲利普·波尔、中世纪历史学家吉尔斯·加斯珀、古典学者芭芭拉·格拉齐奥西、物理学家汤姆·麦克莱什、神学家大卫·威尔金森、人类学家汤姆·乔尔达什等。我还要感谢牛津大学的朋友们，在我潜心阅读博德利图书馆里与水有关的文学作品时，他们为我提供了食宿。我还要感谢在马拉维、越南、中国、新西兰、澳大利亚和远方的许多同行和信息提供者，他们堪称我所书写的水的故事的源泉。

许可

对于本书第 45 页引用的约翰·梅斯菲尔德的诗《海之恋》，作者感谢英国作家协会作为约翰·梅斯菲尔德遗产的文学代表，允许本书复制使用。

对于本书第 1957 年版 64 页引用的史蒂夫·史密斯的作品《不是挥手，而是溺水》，收录于《史蒂夫·史密斯诗集》，版权为史蒂夫·史密斯所有。经新方向出版集团许可转载使用。

图片提供致谢

作者和出版社在此感谢以下机构和人士提供图文资料，并／或允许本书使用。

皇牌空战 19：第 160 页

广告档案：第 170 页

大英图书馆：第 87 页

©伦敦大英博物馆理事会：第 10 页左及第 12、53、56、82、102、105、114、118、119、121、136、172 页

布鲁克林博物馆：第 106 页

何塞·B.加巴扎：第 76 页

约翰·克拉克：第 71 页

陈思源：第 159 页

吉姆·考克逊：第 180 页

美梦时光：第 191 页

德意志摄影博物馆：第 98 页

尼尔·弗格森：第 22 页

免费图片：第 140、141、146、163、164、165、174 页

盖蒂图片：第 7 页（迪特·斯潘克奈博）、8 页（彼得·亚当斯）

谷歌：第 35、85、94、95、100、124、138、162、166、183、187 页

华盛顿国会图书馆：第 15 页

马拉马·穆鲁 – 兰宁：第 38 页

海伦·内森：第 43 页

盖伯瑞拉·普桑·农古拉伊：第 15 页

美国航空航天局：第 34 页

蓬皮杜艺术中心：第 4 页

伊丽莎白女王皇家 2014 年收藏：第 11 页左、17 页、45 页

薇罗尼卡·斯特朗：第 1、2、3、11、19、21、23、32、38、44、52、63、66、73、74、80、96、101、113、116、129、141、143、149、151、152、168、173、185 页

伦敦维多利亚和阿尔伯特博物馆：第 9 页

克里斯·沃森：第 41 页